马 英 （荷）乔斯·扎威尔科 编著

国内外危险化学品职业接触限值 2018

Chinese and International Occupational Exposure Limits (OELs) of Hazardous Chemicals 2018

U0383937

化学工业出版社

·北京·

本书收录了我国现行强制性标准 GBZ 2.1—2007《工作场所有害因素职业接触限值　化学有害因素》中列入的化学有害因素职业接触限值，同时收录了由荷兰政府制定的公共职业接触限值、欧盟职业接触限值（2017）和德国工作场所化学物质最高容许浓度（List of MAK and BAT Values 2017）以及世界卫生组织国际癌症研究中心（International Agency for Research on Cancer，IARC）致癌物 2017 年最新分类和该物质在国际化学品安全卡（International Chemical Safety Cards，ICSC）中的相应编号。本书可为我国制定职业性化学有害因素接触限值（OELs）提供参考，以保护化学及相关行业工作人员为宗旨，更好地保持 OELs 的科学性、准确性与可靠性；为实现 OELs 国际一体化和消除国际贸易壁垒而服务；也可为我国职业接触限值与其他国家职业接触限值的比较研究提供可靠的数据参考。

本书可供化学工业从业人员，工业卫生健康、安全环境专业人员（HSE 从业人员），国家安全生产监管和应急救援专业人员，应急人员——消防员、医疗急救人员，化学产品进出口贸易从业人员等阅读参考。

图书在版编目（CIP）数据

国内外危险化学品职业接触限值.2018/马英，（荷）乔斯·扎威尔科编著. —北京：化学工业出版社，2018.6
ISBN 978-7-122-32079-7

Ⅰ.①国…　Ⅱ.①马…　②乔…　Ⅲ.①化工产品-危险品-职业康复-世界-2018　Ⅳ.①TQ086.5②R492

中国版本图书馆 CIP 数据核字（2018）第 075245 号

责任编辑：高　宁　仇志刚　　　　　　　　　装帧设计：刘丽华
责任校对：边　涛

出版发行：化学工业出版社（北京市东城区青年湖南街 13 号　邮政编码 100011）
印　　装：中煤（北京）印务有限公司
787mm×1092mm　1/16　印张 10¼　字数 207 千字　　2018 年 8 月北京第 1 版第 1 次印刷

购书咨询：010-64518888（传真：010-64519686）　　售后服务：010-64518899
网　　址：http://www.cip.com.cn
凡购买本书，如有缺损质量问题，本社销售中心负责调换。

定　　价：98.00 元　　　　　　　　　　　　　　　　　　　版权所有　违者必究

现代社会中，化学品无处不在。化学品推动人类社会进步的同时也带来了不可忽视的安全、健康和环境风险。健全化学品管理，兴利除害，减少化学品的生产及使用对人类健康和环境带来的不良影响，已经成为全球共识和挑战。

危险化学品事故仍时有发生。2015 年 8 月 12 日，位于天津滨海新区塘沽开发区的天津东港保税区瑞海国际物流有限公司所属危险品仓库发生爆炸，爆炸物品是集装箱内的易燃易爆化学品。此次爆炸事故所造成的人员及物资损失惨重，一度引发了人们对危险化学品的恐慌和极度关注。

那么有没有工作人员可参考的因接触化学品致病甚至致死的最低标准呢？答案是肯定的：有！该标准被称为职业接触限值（Occupational Exposure Limits，OELs），亦称为"阈限值"（Threshold Limit Value，TLVs），它是职业健康与安全生产非常重要的工具。

OELs 指工作人员在职业活动中长期反复接触，对绝大多数接触者的健康不引起有害作用的容许接触水平，是职业有害因素的量化限值[1]。既是衡量职业卫生状况的尺度，也是制定职业卫生标准的基础。

OELs 假定接触者是健康的成年人，在某些情况下，OELs 也保护弱势群体，如孕妇或儿童。OELs 是帮助雇主保护工作环境中接触化学有害物质的工作人员健康的有力工具，也是监督雇主是否落实安全健康管理的有效工具。

《中华人民共和国职业病防治法》中规定了职业接触限值基本职业卫生规则，为预防和控制在职业活动中，因接触粉尘和有毒、有害物质而引起的疾病。国务院安全生产监督管理部门、卫生及劳动保障行政部门依照该法规和国务院确定的职责，负责全国职业病防治的监督管理工作。国务院有关部门在各自的职责范围内负责职业病防治的有关监督管理工作，包括：监督企业安全生产，确保企业执行相关安全生产法律法规；指导协调国家安全生产检查；组织指导与国家安全生产相关的教育工作；监督检查企业安全生产培训。因此，保护广大化学品行业从业人员生命安全，至关重要。

我国职业卫生标准制定始于中华人民共和国成立初期。1956年试行《工业企业设计暂行卫生标准》（标准-101-56）。1963年颁布《工业企业设计卫生标准》[国标建（GBJ）1-62]。1973年完成对国标建（GBJ）1-62的修改稿，该稿于1979年颁布，名为《工业企业设计卫生标准》（TJ36-79），该标准列出了车间空气中有害物质的最高容许浓度（MAC）120项（包括有毒物质111项，生产性粉尘9项）。2002年颁布《工作场所有害因素职业接触限值》（GBZ 2—2002），是《中华人们共和国职业病防治法》出台后与之相配套的卫生标准。2007年，卫生部修订将GBZ 2—2002《工作场所有害因素职业接触限值》分为GBZ 2.1—2007《工作场所有害因素职业接触限值 化学有害因素》和GBZ 2.2—2007《工作场所有害因素职业接触限值 物理因素》两个标准。共包含工作场所有毒物质339种，粉尘47种，生物因素2种，物理接触因素8种。这是我国目前所执行的OELs标准。

本书收录了我国现行化学有害因素职业接触限值标准、荷兰政府制定的公共职业接触限值、欧盟职业接触值、德国工作场所最高容许浓度、世界卫生组织国际癌症研究中心发布的致癌物分类和国际化学品安全卡编号等内容。

本书荷兰作者乔斯·扎威尔科曾任荷兰社会及就业部有毒物质监察员，为劳动监察部门制定相关政策；出版专著若干，并多次为公众作关于危险物质、荷兰及欧盟法律法规的报告；作为世界卫生组织化学品安全顾问为国际化学品规划署工作二十余年；是荷兰国家化学品安全认证专家委员会4位成员之一。

本书中文作者马英，近十几年一直负责联合国国际化学品安全规划署"国际化学品安全卡"项目中文翻译工作。与国外同行一起，对国内国际职业接触限值进行了广泛研究比较，积累了大量数据，编撰而成《国内外危险化学品职业接触限值2018》一书。

感谢所有在本书编写过程中给予帮助的国内国外同事和朋友。

鉴于编著者水平有限和经验不足，书中仍难免疏漏或不妥之处，希望读者朋友不吝赐教。

编著者
2018年3月

About this book

A Chinese law from 2007 introduced the Chinese legal Occupational Exposure Limits (OELs) for exposure to chemicals at workplaces in China. These OELs are listed in this book, together with the legal (public) OELs from the Netherlands (Grenswaarden), the OELs set by the European Union and the German MAK (Maximale Arbeitsplatz Konzentration) values. Exposure to chemicals in workplaces should not exceed the listed values to protect the health of workers. In the text part the main principles of occupational hygiene are given, including the meaning of the entities used in the OEL list.

Also the official classification of carcinogen agents made by the International Agengy for Research on Cancer (IARC) is shown. At last, the numbers of the International Chemical Safety Cards (ICSC) are provided, these Cards, compiled by experts of the WHO/ILO, give an overview of the main hazards and preventive measures for handling and safe working on the specific chemicals.

MA Ying, Beijing
Jos ZAWIERKO, Amsterdam
March 2018

目录
CONTENTS

1

引言

1.1 关于本书

《国内外危险化学品职业接触限值2018》一书，主要适用于从事工业安全和健康管理及职业接触危险化学品的工作人员。工业安全和健康是化学化工行业保障日常生产所必须执行的职业安全卫生政策的最基本方面，可有效控制和预防职业接触危害。职业接触限值是减少化学品接触人员健康风险的重要工具。

《国内外危险化学品职业接触限值2018》亦适用于生产、进出口化学原料和制品的化学品企业及相关运营公司。销售人员在销售化学产品时须同时向客户提供产品技术说明书（Safety Data Sheet，SDS）。化学品对环境、人体可能产生的危害，是SDS最重要的组成部分，用户可通过职业接触限值直观了解该产品对工作人员可能造成危害的程度。

接触危险化学品具有高风险性，危险可能发生在危险化学品生产、使用、运输和储存的任何过程中。意外事故和紧急事件一旦发生，紧急救援必须马上进行。因此，现场周边及赶往现场进行救援的消防人员、医疗急救人员则可能面临过度接触危险化学品的极大风险。这种情况下，通过查询职业接触限值，消防人员和急救人员可快速了解事故中涉及的化学品风险状况，以便及时采取适当方案进行紧急处理。

本书收录了我国现行强制性标准 GBZ 2.1—2007《工作场所有害因素职业接触限值 化学有害因素》中列入的化学有害因素职业接触限值，同时收录了荷兰政府制定的公共职业接触限值、欧盟职业接触限值（2017）和德国工作场所化学物质最高容许浓度（List of MAK and BAT Values 2017）、世界卫生组织国际癌症研究中心（International Agency for Research on Cancer，IARC）致癌物 2017 年最新分类以及该物质在国际化学品安全卡（International Chemical Safety Cards，ICSC）中的相应编号。

本书可为我国制定职业性化学有害因素职业接触限值提供参考。本书以保护化学及相关行业工作人员为宗旨，可更好地保持职业接触限值的科学性、准确性与可靠性；为实现职业接触限值国际一体化和消除国际贸易壁垒而服务；也可为我国职业接触限值与其他国家职业接触限值的比较研究提供可靠的数据参考。

1.2 本书目标人群

《国内外危险化学品职业接触限值2018》的主要目标人群包括以下几类。

1.2.1 化学工业从业人员

生产、使用和处理化学品的工作人员，是接触化学品最多的人员，主要接触途径有吸入和无防护皮肤接触。这部分人群不可能完全避免接触化学品，因此，尽可能预防化学品对人体健康造成的危害便非常重要。为此，科学家们已为数百种广泛使用的化学品制定了职业接触限值。不超过职业接触限值时，正常接触不会对工作人员造成健康影响。化学物质的职业接触限值，指职业接触平均容许浓度，也就是空气中化学品的浓度。

职业接触限值为化学行业安全健康管理人员及保护接触危险化学品人员的健康提供了可靠依据。

1.2.2 工业卫生健康、安全、环境专业人员（HSE从业人员）

厂矿企业HSE从业人员负责控制化学物质的安全健康风险。他们以职业接触限值作为标准，监督危险化学品接触人员在工作期间尽量避免或减少接触存在健康风险的化学物质，将危险化学品存在的危险和未来可能发生的风险控制至最低。

1.2.3 国家安全生产监管和应急救援专业人员

国家安全生产监督管理和应急救援专业人员，负责对企业的安全检查、监督，检查安全生产培训，并指导安全教育。以职业接触限值作为参考，制定、监督、确保企业执行相关工作安全法律法规。

1.2.4 应急人员——消防员、医疗急救人员

发生化学品意外事故或事件时，如车间内或运输过程中发生化学品泄漏或爆炸，

则需要消防员和医疗急救人员立即对现场进行处理和人员救治。在紧急处置过程中，这些人员可能因过度接触危险化学品而发生危险。通过查阅职业接触限值，可及时了解该接触的风险性程度，保障救援人员自身生命安全。

1.2.5 化学产品进出口贸易从业人员

化学产品进出口贸易中，普遍要求生产厂商提供该化学产品相关信息，即安全技术说明书（SDS）。许多国家，如欧盟成员国，已将其列入法律规定。危险化学品职业接触限值是 SDS 中非常重要的一项内容。

1.3 术语解释

1.3.1 化学物质

化学物质由其名称和 CAS 登记号进行标识。CAS 登记号是化学物质的"身份证"，是该物质唯一的数字识别号码。例如：化合物丙酮的 CAS 登记号为 67-64-1。

而化学物质的名称则不止一个，可能有好几个，因此 CAS 登记号与化学品名称并不一一对应，本书后面有 CAS 登记号检索。

1.3.2 接触

吸入蒸气或粉尘颗粒及皮肤接触，是工作人员接触危险化学品的主要途径。职业接触限值指吸入浓度；当该物质可渗透到未加以防护的皮肤并被吸收时，职业接触限值以"皮肤"标明。对于可吸入粉尘或超细粉末，以"可吸入颗粒物"或"可入肺颗粒"标明。

1.3.3 健康影响

工人工作中接触的化学物质，有可能对其健康造成影响。未经很好控制的重复接触，重则可能对工人的肺、肾、肝造成毒性影响，轻则可能对皮肤带来损伤，如引起湿疹等；有些物质还有可能造成不孕不育等严重后果。

1.3.4 职业接触限值或阈限值

① 时间加权平均职业接触限值或阈限值　指在工作期间每天接触 8h、一周 40h，

每天反复接触，几乎所有工作人员均无不良反应的平均容许接触浓度，以 OEL-8h 或 OEL-TWA 表示，也可以 TLV-8h 或 TLV-TWA 等进行表示。

② 短时接触职业接触限值或阈限值 指工作人员可以短时间连续接触的浓度，工作期间每次接触不超过 15min，每天接触不超过 4 次，前后两次接触至少间隔 60min。一般情况下，短时接触职业接触限值大于时间加权平均值，以 TLV-15min 或 TLV-STEL 表示，也可以 OEL-15min 或 OEL-STEL 进行表示。

③ 职业接触限值上限 有些化学物质会对工人的健康造成严重影响，于是产生了职业接触限值上限的概念（美国政府工业卫生学家协会制定），以 TLV-C 表示，指工作场所接触某种化学品时任何时间绝不可超过的浓度。

1.3.5 职业接触限值的重要性

不少国家制定了职业接触限值，在有的国家该值具有强制执行的法律地位。荷兰政府制定了公共职业接触限值欧盟制定了职业接触限值，德国更以立法形式制定了职业接触限值，美国政府工业卫生学家协会制定了职业接触阈限值，我国制定了必须强制执行的职业接触限值标准。

2

职业接触限值表解释

2.1 职业接触限值简介

职业接触限值，指工作人员在职业活动过程中长期反复接触化学物质，不会对接触者的健康产生影响的最高容许浓度，该浓度的单位为：mg/m^3 或 ppm。因此了解工作中所接触的化学物质及其职业接触限值，对保护工作人员的健康至关重要。

目前，约 1000 种广泛使用的化学物质被制定了职业接触限值。

通常，在工作场所，为保护工作人员免受化学品对健康造成的影响，最大限度地减少接触化学品是非常重要的。即使化学物质没有职业接触限值时，依然应尽最大努力在任何情况下均减少接触。建议采取的措施包括：通风、局部排风和使用个人防护用具（如防护服、呼吸过滤器等），以预防接触、吸入化学品蒸气或微细颗粒物。

若危险化学物质可以用毒性更小的化学物质进行替代，则采取替代方案。如：以甲苯（非致癌物）替代苯（致癌物）。

2.2 我国职业接触限值

我国卫生部（现为中华人民共和国国家卫生健康委员会）于 2007 年发布了国家职业卫生标准 GBZ 2.1—2007《工作场所有害因素职业接触限值 化学有害因素》，该标准为强制性标准。规定了工作场所 339 种化学物质的容许浓度和工作场所空气中 47 种粉尘容许浓度。该标准适用于工业企业卫生设计及存在或产生化学有害物质的各类工作场所。

工作场所有害化学物质职业接触限值是企业监测工作场所环境污染情况、评价工作场所卫生状况和劳动条件以及工作人员接触化学物质危险程度的重要技术依据，也可用于评价生产装置泄漏状况、防护措施效果等。工作场所有害物质职业接触限值也是职业卫生监督管理部门实施职业卫生监督检查、制定职业病危害评价的技术法规依据。

在进行职业卫生监督检查、评价工作场所职业卫生状况和人员接触状况时，要正确使用时间加权平均容许浓度（PC-TWA）、短时间接触容许浓度（PC-STEL）或最高容许浓度（MAC）职业接触限值，并按照有关标准，进行空气采样、监测，以正确评价工作场所有害因素的污染状况和工作人员接触水平。

该标准中化学有害因素职业接触限值包括时间加权平均容许浓度（Permissible Concentration-Time Weighted Average，PC-TWA）、短时间接触容许浓度（Permissible Concentration-Short Term Exposure Limit，PC-STEL）和最高容许浓度（Maximum Allowable Concentration，MAC）三类。

① PC-TWA　是评价工作场所环境卫生状况和工作人员接触水平的主要指标。个体检测是测定 TWA 比较理想的方法，适用于评价工作人员实际接触状况，是工作场所有害因素职业接触限值的主要限值。

② PC-STEL　是与 PC-TWA 相配套的短时接触限值，可作为 PC-TWA 的补充。只用于短时接触较高浓度可导致刺激、窒息、中枢神经抑制等急性作用，和慢性不可逆性组织损伤的化学物质，如苯、氨等。

即使工作时的 TWA 符合要求，短时接触浓度也不应超过 PC-STEL。

对制定了 PC-STEL 的危险化学品进行监测和评价时，应了解现场浓度波动情况，在浓度最高时段按采样规范和标准检测方法进行采样和检测。

③ MAC　主要针对具有明显刺激、窒息或中枢神经系统抑制作用，可导致严重急性损害的化学物质而制定的不应超过的最高容许接触限值，即任何情况都不容许超过的限值。最高浓度的检测应在了解生产工艺过程的基础上，根据不同工种和操作地点采集能够代表最高瞬间浓度的空气样品进行检测。

本书中所收录的工作场所空气中粉尘容许浓度中 PC-TWA 分为两个部分，一个为总粉尘（total dust），指可进入整个呼吸道（鼻、咽、喉、支气管和肺泡）的粉尘，简称总尘。技术上用总粉尘采样器按标准方法在呼吸带测得的所有粉尘；另一为呼吸性粉尘（respirable dust），指按呼吸性粉尘标准测定方法所采集的可进入肺泡的粉尘粒子，其空气动力学直径均在 7.07μm 以下，空气动力学直径 5μm 粉尘粒子的采样效率为 50%，简称呼尘。

本书职业接触限值列表中，中国职业接触限值备注栏内标有"皮"的物质，表示因皮肤、黏膜和眼睛直接接触蒸气、液体和固体，通过完整的皮肤吸收引起全身效应。该标识表示：即使空气中某化学物质不大于 PC-TWA，通过皮肤接触也可能引起过量接触。在空气中高浓度下操作标有"皮"并具有较低 OELs 的物质时，尤其在皮肤大面积、长时间接触的情况下，需采取特殊预防措施减少或避免皮肤直接接触。备注栏内标有"敏"的物质，指这种物质可能对人或动物有致敏作用。工作期间，需减少对致敏物质及其结构类似物质的接触，以减少个体过敏反应的发生。

当工作场所存在两种或两种以上化学物质时，若缺乏其综合作用的毒理学资料时，则需分别测定各化学物质的浓度，并按各物质的职业接触限值进行评价[1]。

注：本书职业接触限值列表按中文名称首字汉语拼音排序。

2.3 美国职业接触限值

美国政府工业卫生学家协会（American Conference of Governmental Industrial Hygienists，ACGIH），是一家由工业卫生学专家和职业安全健康专家组成的非盈利性科技机构，旨在帮助促进工作场所的安全健康。《化学物质和物理试剂阈限值及生物暴露指数》（Threshold Limit Values for Chemical Substances and Physical Agents & Biological Exposure Indices）是该机构最重要和著名的指南性出版物之一，书中包含化学物质健康数据。该机构每年发布最新职业接触限值，供安全健康专业人员、科技人员和其他接触化学物质的人员使用，美国国家和地方州政府部门也同样使用该书中的职业接触限值[2]。

ACGIH 制定发布的职业接触限值或阈限值（Threshold Limit Values，TLVs），包括时间加权平均阈限值（Threshold Limit Values-Time Weighted Average，TLV-TWA）、短时间接触阈限值（Threshold Limit Values-Short Term Exposure Limit，TLV-STEL）。

美国 ACGIH 每年更新《化学物质和物理试剂阈限值及生物暴露指数》1 次。

我国在职业接触限值标准制定中，通常参考美国 ACGIH 推荐的阈限值。

ACGIH 职业接触限值指工作人员工作接触 8h，一周工作 40h 的时间加权平均阈限值（TLV-TWA）和接触 15min 的短时间接触阈限值（TLV-STEL）。

本书暂不收录美国 ACGIH 制定的阈限值。读者欲查询该阈限值，请参考国际化学品安全卡中职业接触限值（国际化学品安全卡见本书 2.8 节介绍）。

2.4 荷兰职业接触限值

荷兰职业接触限值分为两种，一种叫公共职业接触限值，具有法律效力，由政府部门制定；另一种叫做企业职业接触限值，由各企业制定。

两种限值均为以健康为基础制定的数值，工作人员在工作场所低于该浓度接触不会产生健康危害。

荷兰职业接触限值不是绝对限值，指超过 8 小时的时间加权平均值（TWA-8h），在这期间，工作人员可能会超出该限值接触数次，因此需要由低浓度接触进行平衡方能保证在 8 小时工作时间内不超过职业接触限值。

职业接触限值制定了职业接触限值上限（以 C 表示）。该值为绝对职业接触限值，在职业接触过程中的任何时刻均不应超过该浓度。另外，在某些情况下，为避免高浓度接触时间过长（即峰值接触），定义了 15 分钟时间加权平均值（TWA-15min）。

本书只收录由荷兰政府制定的公共职业接触限值。

荷兰公共职业接触限值，由荷兰社会事物与就业部颁布。

在制定新职业接触限值或替换原有职业接触限值过程中，一般经过下列程序：由职业接触限值小组委员会向荷兰社会事物与就业部提交报告，推荐职业接触限值，并提交职业接触限值可行性研究报告；由荷兰职业健康标准专家委员会或职业接触限值科学委员会提交健康数据建议报告；采纳。

本书职业接触限值表中荷兰备注栏中符号的含义：

H——表示有皮肤吸收的危险；

C——指列表中给出的职业接触限值为职业接触限值上限，在职业接触过程中任何时刻均不应超过的浓度。

2.5 欧盟职业接触限值

到目前为止，欧盟以官方文件形式共发布了 4 版职业接触限值（Occupational Exposure Limits，OELs），最新版本于 2017 年 1 月 31 日在欧盟指令 2017/16 上公布[3]。

欧盟职业接触限值为指示性的或具有法律效力的，由职业接触限值科学委员会（Scientific Committee on Occupational Exposure Limits，SCOEL）制定，指在工作时间接触化学物质 8h、一周工作 40h 的时间加权平均值（TWA），或工作时间接触15min 的短期接触限值（STEL）。

通常，指示性的职业接触限值，欧盟国家将其作为科学健康建议而发布，为控制接触化学物质对健康的影响起到了核心作用。该建议书为指南性文件，对于接触化学物质的工作场所具有实际指导意义，在健康职业卫生领域为提高工作场所安全发挥着关键作用。

指示性职业接触限值（Indicative Occupational Exposure Limit Values，IOELVs）是由 SCOEL 依据相关指令，利用最新科学数据并考虑技术可行性制定的、以健康为基础的无法律约束力的职业接触限值。IOELVs 制定了职业接触限值，一般来说，限值表中所有列出的物质在其浓度不高于其限值水平时可以预期不会产生有害作用。欧盟指令98/24/EC规定，所有欧盟成员国均应将IOELVs视为全面保护工作场所工作人员健康，使工作人员免遭危险化学有害因素危害的整体措施的重要部分，均应根据欧盟IOELVs制定与本国法律法规一致的职业接触限值；危险化学品相关企业管理人员需要按照指令中的限值进行危害监测与评价。

2001年，欧盟指令98/24/EC确定了以制定欧洲IOELVs的形式保护工作人员免遭化学有害因素危害的目标，提出制定欧盟IOELVs、约束性职业接触限值BOELVs（Binding Occupational Exposure Limit Values）和约束性（即强制性）生物限值BBLVs（Binding Biological Limit Values）；要求对于制定了欧盟IOELVs的所有化学有害因素，成员国必须制定本国的OELs[4]。

约束性的职业接触限值，是指在所有欧盟国家实践中均不能超过的极限值，只有少量化学物质存在约束性职业接触限值，见表2.1。

欧盟指令中具有法律效力必须强制执行的物质目前有10种，如表2.1所示。在本书职业接触限值列表中以"强制"二字表示。

表2.1　欧盟指令中必须强制执行的物质

序号	中文名称	英文名称	CAS 编号
1	阳起石棉	Asbestos actinolite	77536-66-4
2	直闪石棉	Asbestos anthophylite	77536-67-5
3	温石棉	Asbestos chrysotile	12001-29-5
4	青石棉	Asbestos crocidolite	12001-28-4
5	铁石棉	Asbestos gruenerite(amosite)	12172-73-5
6	透闪石棉	Asbestos tremolite	77536-68-6
7	苯	Benzene	71-43-2
8	硬木屑	Hardwood dust	—
9	铅及其无机化合物	Lead and its inorganic compounds	7439-92-1
10	氯乙烯单体	Vinyl chloride monomer	75-01-4

在实际接触中，接触浓度低于约束性或指示性职业接触限值是允许的。

欧盟职业接触限值不定期更新。

2.6　德国职业接触限值

德国职业接触限值的制修订由德国科学基金会（Deutsche Forschungsgemein-schaft，DFG）的工作场所化学物质健康危害调查委员会（Commission for the Investigation of Health Hazards of Chemical Compounds in the Work Area，German MAK Commission），即 MAK 委员会承担。MAK 委员会成立于 20 世纪 50 年代，2012 年起设常委会，常委会由 40 余位来自毒理学、职业医学、流行病学、皮肤病学、病理学、分析化学等学科领域的专家组成。该委员会向德国劳动部提出化学物质的健康最高容许浓度建议。MAK 值根据科学依据专门制定，分为工作场所最高容许浓度（maximum concentration，MAK）和生物耐受值（biological tolerance values，BAT）两种。

本书职业接触限值表中，收录了德国工作场所化学物质最高容许浓度值，包括工作日 8h 工作时间的最高容许浓度，和短时接触 15min 的最高容许浓度，备注包括皮肤吸收、致敏、致癌分类、对怀孕妇女和生殖细胞造成的风险等内容。

我国在制定职业接触限值时，主要参考美国政府工业卫生学家协会（ACGIH）推荐的阈限值——时间加权平均浓度（TLV-TWA）和德国工作场所化学物质最高容许浓度值。

MAK 定义为工作场所空气中化学物质（以气体、蒸气或颗粒物形式存在）的最高容许浓度，根据现有认知水平，该浓度是对反复、长期接触（通常为每天 8h、每周工作 40h）工作人员不造成健康损害和不适的浓度值。其含义与美国 ACGIH 的 TLV-TWA 一样，都是一个工作日的平均值。

每年秋季，MAK 委员会发布最新的工作场所 MAK 和 BAT 值[5]。

自 2012 年起，读者可免费在 Wiley VCH 出版社网页上查阅 MAK 汇编[6]，内容包括德国目前所制定限值的物质、检测分析方法、致癌物分类等。

欧盟职业接触限值科学委员会 SCOEL 和美国 ACGIH 都非常重视和认可德国 MAK 委员会发布的相关限值标准。

（1）本书职业接触限值表中德国职业接触限值备注栏中字母的含义

H——表示有皮肤吸收的危险。

Sa——表示有导致呼吸道过敏的危险。

Sh——表示有导致皮肤过敏的危险。

Sah——表示有导致呼吸道和皮肤过敏的危险。

（2）致癌分类

第 1 类：人类致癌物，具有显著的致癌风险。流行病学研究提供了充分的证据证明了人类接触该物质和癌症发生之间的相关性。

第 2 类：被认为是人类致癌物，以充足的长期动物研究数据或当动物研究证据有限时以流行病学研究作为证据，结果显示，该类物质具有十分明显的致癌风险。动物研究数据有限时，可将与人类相关的该物质致癌作用方式和试管研究及短期动物研究结果作为证据。

第 3 类：该类物质可能是人类致癌物，但由于缺乏数据尚不能得出结论性的评估结果。分类 3 是暂时性的。

第3A类：符合第4和第5类分类标准的物质，但数据不足，无法制定MAK或BAT值。

第3B类：该类物质的试管研究或动物研究已经获得了其致癌影响的证据，但还不足以将该物质归类为其他某类。在得出最终结论前需进一步研究。

第4类：具有致癌可能的物质，最重要的特征是无基因毒性作用；即使观测到了MAK和BAT值，它们也没有或只有很少的基因毒性影响。这种情况下，认为该物质没有明显的人类致癌风险。该类物质的主要分类依据是细胞增生、细胞凋亡抑制或细胞分化紊乱等。表征致癌风险时，需考虑不同致癌机理及其特殊的剂量-时间响应关系。

第5类：具有致癌和基因毒性影响的物质，认为其致癌和基因毒性很低，以至于即使观测到MAK和BAT值的存在，也没有明显的人类致癌风险。以作用形式、剂量相关性和毒性动力学数据作为分类依据。

（3）妊娠风险分类

A组：确切证明对人类胚胎或胎儿具有损害的物质。

B组：按照现有有效资料，不排除对胚胎或胎儿具有损害的物质。

C组：没有理由担心对胚胎或胎儿造成损害的物质。

D组：没有足够证据可分类为A～C组的物质。

（4）生殖细胞突变分类

1类：诱变剂，已证明接触该物质的人类后代基因突变发生率增加。

2类：诱变剂，已证明接触该物质的哺乳动物后代基因突变发生率增加。

3A类：已证明为会对人类或哺乳动物引起基因损伤的物质。

3B类：怀疑为生殖细胞诱变剂的物质。

4类：不适用（致癌物，但具有非遗传性）。

5类：被认为遗传风险甚微的物质。

值得注意的是，致癌性一般没有剂量-反应关系，找不到安全阈限值。因此，对于致癌物，尤其人类致癌物，德国不再制定工作场所最高容许浓度值，即MAK值，而是进行标记，并要求采取严格的防护措施。

德国职业接触限值保持较高更新频率，MAK和BAT值每年更新1次。

2.7 致癌物

致癌物是指反复接触后会诱发人类或动物产生恶性肿瘤的化合物或混合物。由于恶性肿瘤的致命性，因此应尽可能地避免接触致癌物。工作时如需使用致癌物也应避免或将接触降低到最低程度。

按照中国法律规定，各企事业单位有义务保护其在工作期间接触致癌物的工作人员免受患癌症的风险。因此，要认清哪些物质是致癌物，可能引发癌症是至关重要的。

世界卫生组织国际癌症研究中心（International Agency for Research on Cancer，IARC）评估有害物质的致癌性，并定期向全世界公布。本书致癌物类别依据该机构于2017年10月27日最新发布的致癌物分类结果[7]。

IARC对致癌物的分类：

第1类	人类致癌物	120种物质
第2A类	很可能是人类致癌物	81种
第2B类	可能是人类致癌物	299种
第3类	不能分类为人类致癌物	502种
第4类	很可能不是人类致癌物	1种

值得一提的是，一种物质即使没有在IARC致癌物分类中出现，并不能说明这种物质不是致癌物，这种情况只是表明目前人类还没认识到其致癌性。因此工作期间接触该化学物质时依然应当特别小心和加以预防。对于明确标识致癌性的化学物质，应采取适当的技术措施和个人防护，减少接触机会，尽可能保持最低接触水平。

2.8　国际化学品安全卡

国际化学品安全卡编号一栏指的是国际化学品安全卡（International Chemical Safety Card，ICSC）编号。国际化学品安全卡是世界卫生组织（WHO）和国际劳工组织（ILO）的合作机构——国际化学品安全规划署（IPCS）和欧盟委员会（EU）合作编辑的一套具有国际权威性和指导性的化学品安全健康信息卡片[8]。

国际化学品安全卡项目是IPCS的重要任务之一，是一项非盈利性公益项目，旨在为加强各国国家化学品安全管理能力建设提供安全使用化学品的科学依据。

现在国际化学品安全卡共收录了约1700种物质，目前已被翻译成包括中文在内的20多种语言。国际化学品安全卡以简明扼要的形式提供了化学品最重要的安全和健康信息，供工厂、农业、建筑和科研院校相关领域及专业人员使用。

国际化学安全卡清晰地介绍了常用化学物质的物理化学性质、接触急性危害/症状、预防和急救/消防、泄漏处置、安全储存、包装与标志、GHS分类、应急响应、环境数据和重要数据（包括基本物理化学性质、职业接触限值、接触途径、物理及化学危险性、短期和长期接触造成的影响等）。国际化学品安全卡还提供了美国政府工业卫生学家协会（ACGIH）发布的最新职业接触限值、致癌性类别、欧盟化学品危险性符号、风险术语和安全术语、美国消防协会法规规定的危险性等级等信息。

国际化学品安全卡虽然没有立法状态说明，但卡中的全部数据均由 IPCS 指定的包括美国、加拿大、德国、英国、荷兰、法国、意大利、日本、西班牙、芬兰、波兰、匈牙利、以色列等国家著名权威机构的专家提出，卡片初稿完成后，征求各国工业与中毒控制中心意见，由国际化学品安全卡专业委员会成员收集意见，并经国际公认的专家组成的同业审查委员会进行同业审查定稿。因此具有国际权威性。

目前国际化学品安全卡中收录的化学品具有优先控制的特点。列入卡片名单的化学品大多是对人体健康和环境具有高毒性或潜在危害的常用化学品，其中包括已列入《关于在国际贸易中对某些危险化学品和农药采用事先知情同意程序的鹿特丹公约》（《PIC 公约》）、在国际上禁用或严格限用的危险化学品和农药，《关于持久性有机污染物的斯德哥尔摩公约》控制的持久性有机污染物和欧盟规定的重大危险源化学物质等。

人类对化学品的认识在不断提高，因此化学品安全健康综合信息需不断更新。IPCS 每年定期补充新编制卡片并对原有卡片数据更新，以保持信息的实效性。

本书职业接触限值表中，国际化学品安全卡栏目表明：如国际化学品安全卡收录了该物质，依据其编号，可通过 ILO 网站的 ICSC 数据库——http：//www.ilo.org/safework/info/publications/WCMS_113134/lang--en/index.htm 查询到该物质。该数据库目前可同时查询英语、汉语、法语、日语、意大利语、西班牙语、芬兰语、波兰语等不同语言的化学品安全卡。中文版国际化学品安全卡亦可查询由中国翻译并维护的国际化学品安全卡中文数据库——http：//icsc.brici.ac.cn。作为联合国机构设立的国际化学品安全卡国际查询系统的一部分，该中文查询系统得到 IPCS 机构的认可。

根据 IPCS 授权，在原国家经济贸易委员会安全生产局、国家环保总局的支持下，中国石化集团北京化工研究院环境保护所自 1994 年以来一直在组织有关专业人员从事英文版国际化学品安全卡的中文翻译工作，1995～1999 年委托化学工业出版社出版了《国际化学品安全卡手册》1～3 卷，共收录化学品 900 多种。国际化学品安全卡是动态化学品数据库，每年更新，所收录化学品数量在逐年增加，为此，中国石化北京化工研究院于 2014 年再次委托化学工业出版社出版了《国际化学品安全卡》，共收录危险化学品 1687 种。

国际化学品安全卡片具有数据权威、文字简练、易懂易记、实用性强的特点，是进行化学品安全管理、环境管理、职业病防治、毒物安全登记和危险化学品应急消防的必备工具书和指南。可供任何生产、加工或作为原材料使用危险化学品的公司和单位的经理、技术人员和操作工人以及涉及化学品安全的管理部门查阅使用，具有很高的参考价值。

国际化学品安全卡提供的数据符合国际劳工组织制定的《作业场所安全使用化学品公约》以及我国关于危险化学品安全技术说明书、化学品安全标签编写规定等国家标准要求，可供化学品生产企业按照国家有关规定，编制危险化学品安全技术说明书时使用。可以满足危险化学品生产、储存、使用、进出口贸易、健康与安全和环境管理等各方面管理工作的需要。可作为危险化学品信息周知卡放在生产车间和作业岗位上供工作人员随时查阅使用。也可供从事工业卫生、安全、职业病防治、事故预防和环境保护管理人员了解化学品的职业危害、中毒症状和急救措施；消防、储存和事故应急措施时使用。从事化学品进出口贸易和运输管理人员可以从中了解某一危险化学品的联合国以及欧盟国家的危险性分类及包装标志要求等。

3

如何使用本书

再好的书和数据，如果读者不知如何使用，这书便没有意义。本书在后面表格中展示了大量数据，为方便读者正确阅读和运用此书内容，下面以几种常见危险化学品——一氧化碳、苯酚、二氧化碳等为例，详细介绍如何使用。

3.1 危险化学品职业接触限值查询及应用

3.1.1 一氧化碳

在全世界范围内，时常有人因接触一种无色无味的有毒气体——一氧化碳而意外中毒身亡。这些人在密闭环境中不知不觉吸入了一氧化碳，之后不久便出现昏昏欲睡、头晕的感觉，也可能有人会感到轻微头痛，于是开始睡觉，却再也没有醒来……

这种事件可能发生在家里或工作场所，在气体或煤炭、汽油等因氧气不足不充分燃烧的情况下发生。为避免一氧化碳致死浓度的形成，非常有必要对该有毒气体的浓度进行监控。

从本书职业接触限值列表中可查到一氧化碳（CAS：630-08-0），其中国职业接触限值 PC-TWA 为 $20mg/m^3$，表示：若工作场所空气中一氧化碳浓度不超过 $20mg/m^3$，工人一天工作 8h，一周工作 40h，一生按工作 35～40 年计，工作人员并不存在健康风险。

一氧化碳的短期接触容许浓度为 $30mg/m^3$，表示：如果工作场所空气中一氧化碳浓度升至 $30mg/m^3$ 时，对所有工人来说，无健康风险接触时间不能超过 15min，一天接触不能超过 4 次，两次连续接触之间至少间隔 60min。

在实际工作中，如人员接触的一氧化碳浓度比以上数值高，则存在健康风险，可能导致碳氧血红蛋白症。碳氧血红蛋白症是由于一氧化碳与血红蛋白的亲合力比氧与血红蛋白的亲和力高 200～300 倍，所以一氧化碳极易与血红蛋白结合，形成碳氧血红蛋白，使血红蛋白丧失携氧能力和作用，造成组织窒息。对全身的组织细胞均有毒性作用，尤其对大脑皮质的影响最为严重。

值得一提的是，由表中数据可发现，工作场所空气中一氧化碳浓度因海拔不同而不同！海拔高度越高，一氧化碳的职业接触限值越低。因而在高海拔工作的人员需特别注意工作中接触一氧化碳的浓度。

在无法预见的突发情况下，空气中一氧化碳浓度如果突然升高，这时会产生严重的死亡危险：当接触浓度高达 385mg/m³（或 330ppm）的一氧化碳 1h，便危及生命；当一氧化碳浓度达 175mg/m³（或 150ppm）时，接触 4h，存在同样风险[9]。

注：附录一为 mg/m³ 和 ppm 之间的换算公式。

3.1.2 苯酚

从职业接触限值列表中可查到实验室、工厂常见的化学物质——苯酚（CAS：108-95-2），其中国职业接触限值时间加权平均容许浓度（PC-TWA）为 10mg/m³，备注中标有"皮肤"字样，表明该物质非常容易渗透进入皮肤，被身体吸收。其分子对中枢神经系统有强烈影响，具有很大的急性毒性，对身体造成严重影响，可能导致人员死亡。

当工作人员在工作场所处理高浓度的苯酚——这种具有简单结构式、被广泛使用的化学物质时，如工人的身体某部分（如一只手或前臂）接触到该液体（例如在泵输送过程中发生泄漏，或面向开放的槽罐操作），可能仅仅在很短的时间，中毒就突然发生了，工作人员就会面临生命危险。

3.1.3 非反应活性气体

另举个有一定死亡风险的例子：当工作人员进入狭小区域时，若非反应活性气体（如：二氧化碳、氦气、氮气、乙烷或丙烷）的浓度非常高，导致周围空气中氧气浓度非常低，低到可能发生严重窒息的程度，工作人员就会窒息失去意识且因无人注意而直接死亡。这种情况相当常见，尤其当工作人员可能独自一人处在狭小操作空间工作时。容易导致窒息的化学物质被称为窒息剂，该类化学品还有氢气、甲烷、乙烷等。

3.1.4 长期接触引起疾病或死亡的化学品

不是所有化学品都有高死亡风险，但是如果工作人员低浓度长期反复接触某些化学品，长达数年后，同样会导致疾病或器官衰竭。

在特定操作工人中，已发现的与长期接触化学品有关的疾病，有如下几种。

- 白血病：接触苯蒸气和苯液体（比如在化学和橡胶工业），接触环氧乙烷，反复吸入柴油车尾气均会增加患白血病的风险。
- 肺癌：长期接触石棉。
- 皮肤癌：长期接触多环芳烃，可能工作 20 年后才发病。
- 哮喘：接触粉尘化合物（如硅、石英、水泥等粉尘）、无机金属化合物（如氧化钙）、氯、乙酸、甲醛、硫化氢、环氧乙烷。
- 不同类型的过敏症：接触某些化合物，如丙烯酸酯、环氧化合物。
- 铅中毒：工作中接触铅化合物粉尘造成铅中毒，尤其妇女、孕妇和焊接工人接触该粉尘，具有高风险（工作人员血铅浓度应低于 $300\mu g/L$）。

众所周知，在玻璃、汞、电池、涂料、合金等材料的生产过程中，工作人员需接触铅和含铅化合物；在炼铅厂、炼油厂、合成橡胶厂、涂料厂、钢铁厂和其他处理铅或其化合物的工作场所，需接触高浓度的铅或其化合物，因此需特别注意。

3.1.5　职业接触限值使用方法

现以四氢呋喃为例介绍职业接触限值的使用方法。定点检测是测定 TWA 的方法之一，需采集一个工作日内某一个工作地点、不同时间段的样品，按各时段的持续接触时间，计算得出 8h 工作日的时间加权平均浓度（TWA）。

从职业接触限值表中可知四氢呋喃（CAS：109-99-9）的中国职业接触限值 PC-TWA 为 $300mg/m^3$。某工作人员某一天在工作场所接触具体情况：四氢呋喃浓度 $420mg/m^3$，接触时间 2h；浓度 $280mg/m^3$，接触 3h；浓度 $150mg/m^3$，接触 2h；有 1h 不接触。工作场所空气中四氢呋喃 8h 工作日时间加权平均浓度计算过程为：$C_{TWA}=(420\times2+280\times3+150\times2+0\times1)/8=247.5mg/m^3$。将该值与四氢呋喃 PC-TWA 相比较，$247.5mg/m^3<300mg/m^3$，即未超过四氢呋喃的时间加权平均容许浓度。意味着该工作人员处于相对比较安全的工作环境。

3.2　利用职业接触限值，保障职工安全健康

为成功贯彻执行《中华人民共和国职业病防治法》，凡涉及化学品的工作场所，均应做到如下几点。

① 调查工作场所（如车间、实验室和仓库）危险化学品的种类和数量，并阅读包装上的 GHS 危险标签（注：GHS 在第 4 章有介绍）。

② 登记化学品名称、标识及编号，如 CAS 登记号、REACH 编号（注：

REACH 在第 4 章有介绍）。

③ 确定该化合物是否存在职业接触限值，查阅本书职业接触限值表。

④ 控制工作场所危险化学品浓度：现场对空气进行采样，检测工作场所危险化合物浓度。如技术可行，需不间断实时监测工作场所危险化学品浓度值。

⑤ 如果工作场所危险化学物质浓度超过了中国或欧盟、德国、美国的职业接触限值，则需及时采取行动降低有毒化学品浓度。建议采取的技术措施包括：

- 采取或加强通风；
- 局部排风；
- 将毒性极高的化合物（致癌物，高急性毒性物质，如光气、异氰酸酯、氰基丙烯酸酯、氯丙酮类化合物、氯甲基乙醚、镉化合物等）置于密闭系统内。

另外，需使用个人呼吸防护用具，如适用于化学品粉尘和有毒化学物质的防毒面具。适用于粉尘和化学物质蒸气或气体的过滤呼吸防护器有：

适用于惰性粉尘的 P-1 过滤器；

适用于有害粉尘的 P-2 过滤器；

适用于有毒和高毒粉尘的 P-3 过滤器；

适用于有机气体和有机溶剂的 A 型过滤器；

适用于低沸点化合物蒸气（沸点＜65℃）的 AX 型过滤器；

适用于无机气体、卤素（如氯气）、硫化氢、氰化物（如氰化氢）的 B 型过滤器；

适用于无机蒸气和酸性气体如氯化氢、硫氧化物的 E 型过滤器；

适用于氨气和多胺类如二甲胺、肼的 K 型过滤器。

注：有些蒸气不能或不容易被过滤，如乙炔、氩气、丁烷、二氧化碳、一氧化碳、氯甲烷、氖气、羰基镍、一氧化氮、丙烷、丙烯、硅烷、氢气。这时，应尽量避免或减少接触，如得不不进入释放这些气体的区域时，则须使用氧气呼吸器。

上述文字可以图示简单表示，见图 3.1。

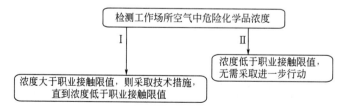

图 3.1 工作场所空气中危险化学品浓度与职业接触限值及是否采取行动的关系

图 3.2 以坐标形式表达长时间反复接触某种危险化学物质健康风险与其浓度之间的关系。由图 3.2 可以看出，工作场所危险化学品浓度低于 OEL 时，对工作人员来说，无论工作多长时间，均不存在健康风险；而当危险化学品浓度大于 OEL 时，如不采取措施，健康风险则一直存在。

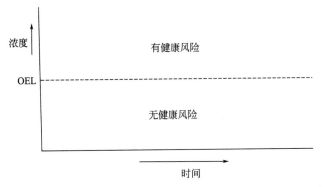

图 3.2 长时间反复接触某种危险化学物质健康风险与浓度、职业接触限值间的关系

4

国际通用危险化学品
法律法规介绍

随着世界经济高速发展，经济全球化已势不可挡。

国家之间的贸易往来与日俱增。据海关统计，2014 年我国进出口总值 4.30 万亿美元，其中石油化工进出口贸易 6754.8 亿美元，占总贸易额的 16%。

石油化工进出口贸易中，顺利进行贸易往来的前提，非充分了解目的地国家的与化学品相关政策法规莫属。近年来，联合国发布了《全球化学品统一分类和标签制度》（GHS），欧盟出台了《化学品注册、评估、授权和限制法规》（REACH 法规）和与 GHS 相一致的《欧盟物质和混合物的分类、标签和包装法规》（CLP 法规）。

我国虽然是化学品生产加工大国，但还不是化工强国，造成这种状况的原因是多方面的。除化学品信息的缺乏、管理与实施的脱节、化学品监管理念的滞后外，还有我国企业和相关行业对国际化学品管理制度的认知度仍不够等[10]。

4.1 《全球化学品统一分类和标签制度》(GHS)

4.1.1 GHS 及其产生背景

多年来，一些国家制定了各种规章制度，向使用和接触化学品人员提供化学品性质及其危害信息，并推荐必要的防范措施，力求在化学品生产、运输、使用、储存、泄漏处置及应急响应过程中的安全性。但是，由于现行制度中各国对化学品危险性定义的差异及标签和安全技术说明书（即 SDS）的要求不同，导致同一种产品在不同国家有着不同的标签和安全数据单。例如：某种化学品在一国被认为是易燃品，在另一国却被认为是非易燃品。在国际贸易过程中，要分别遵守不同目的地国对标签和安全技术说明书的要求，既增加厂家的成本又耗费时间。潜在的技术壁垒和昂贵的费用把很多小规模企业挤出国际贸易的行列。此外，不同国家的标签和安全数据单也会影响对接触化学品人员的保护。面对同一种化学品，使用和处理化学品的人员可能会看到内容并不一致的标签或安全技术说明书，尤其当一种化学品具有不同的危险分类、应急建议和防护措施时，使用者会无所适从。

在某些国家，尚没有对化学品统一分类和标签的要求，有的即使有要求，也仅限于某些领域如农药或运输行业。还有一些国家，还没有能力开发和维护化学品统一分类和标签制度，于是化学品使用者无法或很难了解到他们所接触化学品的毒性信息。信息的缺乏妨碍了他们采取适当防护措施，增加了不安全性。《全球化学品统一分类和标签制度》（《Globally Harmonized System of Classification and Labelling of Chemicals》，GHS）便应运而生。

1992 年，在巴西里约热内卢举行的联合国环境与发展大会上通过的《21 世纪议程》中建议，到 2000 年应当建立全球统一的化学品分类和标签制度。大会还确定了以联合国国际化学品安全规划署（IPCS）作为开展这项国际合作活动的核心。IPCS设立"统一化学品分类制度协调小组（CG/HCCS）"，以促进和监督该项工作的开展。1995 年，世界卫生组织（WHO）、国际劳工组织（ILO）等 7 个国际组织共同签署成立了"组织间健全管理化学品规划机构（IOMC）"，以协调为实施环境和发展大会建议的化学品安全活动，并负责对 CG/HCCS 的工作进行监督。该项工作由CG/HCCS 主持协调和管理，由 ILO、世界经济合作与发展组织（OECD）和联合国经济和社会理事会的危险货物运输专家分委员会给予技术支持。2002 年，GHS 专家小组委员会采纳了已经完成了的 GHS，确定为化学品分类和危害公示国际标准，并于 2003 年由联合国经济和社会理事会批准为非强制性推荐文件。并授权将其翻译成联合国官方 5 种正式语言，在全世界散发。

实施 GHS 的目的旨在：①通过提供一种能被理解的国际制度公示化学品危害，提高对人类健康和环境的保护；②为尚未建立化学品危险性分类和标签制度的国家提供一种国际公认的制度框架，制定本国的化学品管理制度；③使已建立化学品分类和标签制度的国家修改、完善本国化学品分类制度，与 GHS 保持一致；④减少对化学品的测试和评估；⑤为国际化学品贸易提供方便。

全球化学品统一分类和标签制度是一套针对物质和混合物的危险性质的分类标准。

GHS 的目标是建立一套全球统一的物质分类制度。GHS 在全球范围内不同国家逐步开展，涉及快递、运输（公路、铁路和水上）以及化学物质的使用等行业。GHS 规定了 9 种象形图直观表征物质的危险性。

GHS 减少了全世界范围内危险物质的分类制度的数量，各国采用相同语言形式表达危险标准、标签和包装。

GHS 建立了物理、健康和环境危险的分类标准，以及相关的危险公示要素、象形图、信号词和危险说明。以融合现有的运输和工作场所化学品、杀虫剂、消费品的分类和标签为基础。GHS建立全球化学品统一分类和标签制度的关键指导原则为在不降低现存制度保护水平的情况下完成。

4.1.2 全球化学品统一分类和标签制度要素

GHS包括分类标准和针对物理危险性（可燃性、爆炸性等）、健康危险性和环境危害（水生生物毒性）的标准化危险性公示元素。

GHS健康危险性包括急性毒性、皮肤腐蚀性/刺激性、严重眼睛损伤/眼睛刺激、致敏性、生殖细胞突变性、致癌性、生殖毒性、特定目标器官毒性/全身性毒性（TOST）等。

标准化的标签元素包括图形和符号，对每一种危险分类和类别，采用信号词（危险和警告）和危险说明进行表示。为了与GHS一致，标签也应包括产品和供应商标识及防护说明。另外，标签上的补充信息为与GHS一致，需提供更为详细的内容或覆盖附加的危险性，所提供的补充信息不能破坏GHS标签信息。GHS还进一步规范了主要用于工作场所的安全技术说明书的格式化和内容。

GHS分类制度是动态的，在执行过程中每两年修订更新一次，使之更加完善有效。自2005年公布第一修订版，截至2017年12月，GHS标准文件已经进行了7次修订和更新[11]。

4.2 欧盟REACH法规

4.2.1 法规产生的背景

二十世纪以来，全球化工产业飞速发展，化学产品年产量从1930年的100余万吨/年增长到目前的4亿吨/年，产值高达13000多亿美元。其中在欧盟市场注册的化学品有约10万种，产值占世界总产值的31%。化学品已经深入到能源、医药、纺织、食品等与生活息息相关的各个领域，极大地提高了人类的生活质量。但另一方面由于人类对一些化学物质的危害尚缺乏了解，导致某些化学品对人类健康和环境造成了严重危害。为了实现加强对人类健康和环境的保护，保持并增强欧盟化工产业竞争力等目标，2001年2月欧盟委员会出台了《未来化学品政策战略白皮书》，建议建立欧盟统一的更为严格的化学品管理制度。

欧盟委员会于2003年10月29日向欧洲议会和欧盟理事会提交了关于化学品注册、评估、授权和限制的法规提案，即欧盟新化学品政策，REACH法规。

4.2.2 REACH 法规

欧盟 REACH 法规（《Registration，Evaluation，Authorization and Restriction of Chemicals》）是关于化学品注册、评估、授权和限制的法规，于 2007 年 6 月 1 日正式生效，2008 年 6 月 1 日开始实施。

REACH 法规的实施旨在化学品使用中提高保护人类健康和规避环境风险，同时增强欧盟化学工业的竞争力，也推动有害物质评估的替代方法，减少实验动物数量。

原则上，REACH 法规适用于所有化学物质，不仅指用于制造过程的化学物质，也包括用于我们日常生活的化学物质，例如清洁用品、涂料，以及服装、家具和电器。因此，REACH 法规对大多数欧盟公司产生了影响。

REACH 法规规定由企业证明其进入欧盟市场的化学品可以安全使用，不会对人类健康和环境造成不可接受的风险。企业提供的相关数据和结论将被欧盟化学品管理局纳入案卷。

REACH 法规对公司带来了负担。为与该法规一致，公司必须确定和管理其生产并投放欧盟市场的物质可能带来的风险，必须向欧洲化学品管理局证明该物质可以安全使用，并向用户展示其风险管理措施。

如果风险不能得到管理，那么权威机构将以不同方式限制该物质的使用。从长远来看，危险性大的物质应以危险性较小的物质进行替代。

4.2.3 REACH 如何运作

REACH 法规建立了收集和评估物质性质和危险性信息的程序。

公司独立注册物质，或者与其他公司共同注册同一种物质。

位于芬兰赫尔辛基的欧洲化学品管理局，接收并依据规定评估每一个注册，欧盟成员国评估入选物质，并阐明对人类健康或环境的风险性。欧洲化学品管理局与成员国主管机构科学委员会对这些物质的可能风险是否能够得到控制和管理进行评价。

如果危险物质的风险难以管理，当局将禁止这些物质，也会决定限制其使用，或要求预授权。

4.2.4 REACH 对企业的影响

REACH 对许多领域的很多公司产生冲击，即使有些认为与化学品无关的公司。

总的来说，在 REACH 法规内，以下企业将受到影响。

（1）生产厂家

生产厂家生产化学产品，自用或向其他企业或公司供应，那么在 REACH 法规框架下，需要承担某些重要责任。

（2）进口商

进口商从欧盟或欧洲经济区采购物资，在 RAECH 法规下，也要承担某些责任。可能涉及单一化学品、混合物或成品（如服装、家具或塑料制品等）。

（3）下游用户

很多公司使用化学产品，但可能并没有认识到他们在使用化学品，因此如果下游用户在工业或职业活动中使用或处理任何化学品，在 REACH 法规框架下，需要考虑下游用户承担的责任。

（4）欧盟以外的公司。

成立于欧盟以外的公司，无需为 REACH 负责，即使有产品出口到欧盟关税地区。按照 REACH 法规要求，要承担的责任，如预注册或注册，取决于是否是成立于欧盟境内的进口商，或者成立于欧盟的非欧盟生产商。

更多信息，可查询相关网站：https：//www.echa.europa.eu/regulations/reach/。

REACH 法规涵盖面广，几乎包括所有化学品和其下游（纺织、食品、制药、汽车、日用品等）产品，该法规的一系列要求——注册、评估、授权和限制将对我国相关产品的生产、加工、研发和出口等造成巨大影响。

根据欧盟统计局 2016 年 3 月 31 日发布的数据，2015 年，中欧贸易额为 5210 亿欧元，占欧盟贸易总额 15％，中国为欧盟最大进口来源国、第二大出口目的地国。2007 中欧双边贸易额为 3561 亿美元，其中化工商品双边贸易额就达 240 亿美元，占中欧贸易额的 6.7％，其中对欧出口 116 亿美元，同比增加 15.8％；从欧洲进口 124 亿美元，同比增加 21％，由此看出中欧化工品贸易发展潜力巨大。我国更应增强对 REACH 法规的了解。

4.3 欧盟物质和混合物的分类、标签和包装法规（CLP）

《欧盟物质和混合物的分类、标签和包装法规》[《Classification，Labelling and Packaging Regulation》，CLP 法规，（EC）No 1272/2008]，是与联合国的化学品分类与标签全球协调制度（GHS）一脉相承，同时与欧盟 REACH 法规相辅相成的一部法规。该法规的目标在于对人类健康和环境的高水平保障，及保证物质、混合物和物品间的自由流动。它针对欧盟化学品分类、标签、包装的最终文本，也是欧盟执行 GHS 有关化品的分类和标签规定的组成部分。它对 REACH 法规起到了巩固作用，为欧洲化学品管理署（ECHA）维护的注册物质的分类和标签数据库的建立提供了相应规则。CLP 法规自 2010 年 12 月 1 日起开始实施。

欧盟 CLP 法规保障化学品危险性通过分类和标签清楚地告知工作人员和消费者。

欧盟 CLP 法规，是以 REACH 为基础的欧盟唯一有效的物质和混合物分类和标签立法。该法规针对物质替代原欧盟指令 67/548/EEG，针对混合物替代原欧盟指令 1999/45/EG。

CLP 法规在欧盟成员国之间具有法律效力，直接适用于所有工业行业。要求物质或混合物的生产厂家、进口商或下游用户，在将其产品投放市场前对其危险化学品进行适当的分类、标签和包装。

CLP 法规的主要目的之一是确定一种物质或混合物的性质是否被归类为危险分类中，因此，分类是危险性公示的起点。

当一种物质或混合物的相关信息（如毒理学数据）符合 CLP 分类标准时，则为该物质或混合物分配危险性种类和类别，以表征其危险性。CLP 法规的危险性种类覆盖了物理、健康、环境和其他危险性。

只要一种物质或混合物已被分类，其已确定的危险性必须向供应链的包括消费者在内的其他部分进行公示。危险标签允许将危险分类、标签和安全技术说明书向该物质或混合物的使用者进行公示，以警示存在的危险性，以便管理相关风险。

CLP 法规为标签要素设置了详细的标准：针对每种危险种类和类别的象形图、信号词和危险性标准说明、防范、响应、储存和处置。为保证危险物质和混合物的安全供应，还同时制定了一般包装标准。

此外，CLP 还包括以下步骤。

（1）统一分类和标签

统一某些危险化学品的分类和标签可以保证在欧盟范围内进行足够风险管理。

欧盟成员国和生产商、进口商或下游用户可以提出物质的统一分类和标签（Harmonized Classification and Labelling，CLH），但是只有成员国才可以对现存统一制度提出修改，并提交 CLH 建议（当这种物质在生物或植物保护产品中是一种活性物质时）。

（2）混合物中可选化学品名称

通过该步骤，供应商可以请求混合物中的物质使用其他的化学品名称，以保护其商业机密，尤其知识产权。任何使用欧洲化学品管理局（ECHA）所认可的化学品名称的请求，在所有欧盟成员国内都将是有效的。

（3）C&L 目录（Classification and Labelling Inventory）

CLP 法规下的告知义务要求：生产商和进口商投放到市场的物质，需提交其分类和标签信息到 ECHA 管理的分类和标签目录中（C&L 目录）。

（4）CLP 对公司的影响

化学品供应商，必须对其供应的物质和混合物，按照 CLP 法规进行分类、标签和包装。供应商的义务取决于在供应链中的角色。供应商可能是一个或多个角色：

- 物质或混合物的生产商；
- 物质或混合物的进口商；
- 特种物品生产者；

- 下游用户，包括供应商和再进口商；

- 经销商，包括批发商。

如果公司把一种危险物质投放市场，则该公司必须在首次投放市场一个月内通知ECHA关于其分类和标签。

对进口商来说，一个月的时间是从一种物质，单独或以混合物的形式，实际进入欧盟海关辖区开始计时。

5

国内外职业接触限值（中国、荷兰、欧盟、德国）、致癌物分类及国际化学品安全卡编号

A

中文名称	英文名称	化学文摘号 (CAS No.)	中国职业接触限值 (Chinese OELs)				荷兰职业接触限值 (Dutch OELs)		
			MAC /(mg/ m³)	PC-TWA /(mg/ m³)	PC-STEL /(mg/ m³)	备注	TWA-8h /(mg/m³)	TWA-15min /(mg/m³)	备注
吖丙啶	ETHYLENEIMINE	151-56-4					0.0009 (0.0005ppm)		
阿特拉津	ATRAZINE	1912-24-9							
艾氏剂	ALDRIN	309-00-2							
安氟醚	ENFLURANE	13838-16-9							
安替比林	ANTIPYRINE	60-80-0							
安妥	ANTU	86-88-4		0.3					
氨(无水的)	AMMONIA (ANHYDROUS)	7664-41-7		20	30		14(20ppm)	36(50ppm)	
2-氨基-4-氯苯酚	2-AMINO-4-CHLORO-PHENOL	95-85-2							
2-氨基-5-氯甲苯	2-AMINO-5-CHLORO-TOLUENE	95-69-2							
2-氨基吡啶	2-AMINOPYRIDINE	504-29-0		2		皮			
N-(3-氨基丙基)-N-十二烷基-1,3-丙二胺	N-3 (AMINOPROPYL)-N-DODECYLPRO-PANE-1,3-DIAMINE	2372-82-9							
2-氨基丁醇	2-AMINOBUTANOL	96-20-8							
2-氨基蒽醌	2-AMINOANTHRA-QUINONE	117-79-3							
氨基磺酸	SULFAMIC ACID	5329-14-6							
氨基磺酸铵	AMMONIUM SULFAMATE	7773-06-0		6					
4-氨基联苯	4-AMINODIPHENYL	92-67-1							
2-(2-氨基乙氧基)乙醇	2-(2-AMINOETHOXY) ETHANOL	929-06-6							
胺腈	CYANAMIDE	420-04-2		2			0.2(0.1ppm)		H
奥克托今	OCTOGEN	2691-41-0		2	4				
八氯代萘	OCTACHLORONAPH-THALENE	2234-13-1							
巴豆醛	CROTONALDEHYDE	4170-30-3	12						
百草枯	PARAQUAT	4685-14-7		0.5					
百草枯(可入肺颗粒物,按阳离子计)	PARAQUAT, respirable, cation	4685-14-7							
百菌清	CHLOROTHALONIL	1897-45-6	1						
百治磷	DICROTOPHOS	141-66-2							
钡	BARIUM	7440-39-3		0.5	1.5		0.5		

欧盟职业接触限值（EU OELs）			德国职业接触限值（German MAK）					致癌物分类（IARC）	国际化学品安全卡编号（ICSC No.）	中文名称
8h /(mg/m³)	15min /(mg/m³)	备注	8h /(mg/m³)	致癌分类	妊娠风险分类	生殖细胞突变分类	备注			
				2		2	H	2B	0100	吖丙啶
			1(可吸入颗粒物)					3	0099	阿特拉津
			0.25(可吸入颗粒物)				H	2A	0774	艾氏剂
			150(20ppm)		C				0887	安氟醚
	—								0376	安替比林
							H	3	0973	安妥
14(20ppm)	36(50ppm)		14(20ppm)		C				0414	氨(无水的)
									1652	2-氨基-4-氯苯酚
			1			3A	H	2A	0630	2-氨基-5-氯甲苯
									0214	2-氨基吡啶
			0.05(可吸入颗粒物)		C					N-(3-氨基丙基)-N-十二烷基-1,3-丙二胺
			3.7(1ppm)		D		H			2-氨基丁醇
								3	1579	2-氨基蒽醌
								3	0328	氨基磺酸
									1555	氨基磺酸铵
			1			3A	H	1	0759	4-氨基联苯
			0.87(0.2ppm)				H,Sh			2-(2-氨基乙氧基)乙醇
1(0.58ppm)		皮肤	0.35(0.2ppm)		C		H,Sh		0424	胺腈
									1575	奥克托今
									1059	八氯代萘
				3B		3A	H	3	0241	巴豆醛
			0.1(可吸入颗粒物)				H			百草枯
										百草枯(可入肺颗粒物,按阳离子计)
								2B	0134	百菌清
									0872	百治磷
			0.5(可吸入颗粒物)		D				1052	钡

B

中文名称	英文名称	化学文摘号（CAS No.）	中国职业接触限值（Chinese OELs）				荷兰职业接触限值（Dutch OELs）		
			MAC/(mg/m³)	PC-TWA/(mg/m³)	PC-STEL/(mg/m³)	备注	TWA-8h/(mg/m³)	TWA-15min/(mg/m³)	备注
钡可溶性化合物（按Ba计）	BARIUM soluble compounds, as Ba	13477-00-4, 10361-37-2, 1304-28-5, 543-80-6, 10022-31-8		0.5	1.5		0.5		
倍硫磷	FENTHION	55-38-9		0.2	0.3	皮			
苯	BENZENE	71-43-2		6	10	皮	0.7(0.2ppm)		H
苯胺	ANILINE	62-53-3		3		皮			
苯并[b]荧蒽	BENZO[b]FLUORANTHENE	205-99-2							
苯并蒽	BENZO[a]ANTHRACENE	56-55-3							
苯并芘	BENZO[a]PYRENE	50-32-8					0.55ng/m³		H
苯酚	PHENOL	108-95-2		10		皮	8(2ppm)		H
苯基-β-萘胺	N-PHENYL-β-NAPHTHYLAMINE	135-88-6							
苯基醚（二苯醚）	PHENYL ETHER, vapour	101-84-8		7	14				
苯基锡化合物	PHENYLTIN compounds	76-87-9							
苯甲酸	BENZOIC ACID	65-85-0							
苯甲酸碱金属盐	BENZOIC ACID alkali salts								
苯甲酰氯	BENZOYL CHLORIDE	98-88-4							
苯肼	PHENYLHYDRAZINE	100-63-0							
苯菌灵	BENOMYL	17804-35-2							
苯膦	PHENYLPHOSPHINE	638-21-1							
苯硫酚	PHENYL MERCAPTAN	108-98-5							
苯硫磷	EPN	2104-64-5		0.5		皮			
苯乙酮	ACETOPHENONE	98-86-2							
苯乙烯单体	STYRENE, monomer	100-42-5		50	100	皮			
吡啶	PYRIDINE	110-86-1		4			0.9(0.27ppm)		
吡啶硫酮钠	SODIUM PYRITHIONE	3811-73-2, 15922-78-8							
苄醇	BENZYL ALCOHOL	100-51-6							
苄基氯	BENZYL CHLORIDE	100-44-7	5						

B

欧盟职业接触限值 （EU OELs）			德国职业接触限值 （German MAK）					致癌物 分类 （IARC）	国际化学 品安全 卡编号 （ICSC No.）	中文名称
8h /（mg/m³）	15min /（mg/m³）	备注	8h /（mg/m³）	致癌 分类	妊娠 风险 分类	生殖细 胞突变 分类	备注			
0.5			0.5（可吸入 颗粒物）				D		0613,0614, 0615,0778, 1052,1073	钡可溶性化合物（按 Ba 计）
			0.2（可吸入 颗粒物）				H		0655	倍硫磷
3.25 （1ppm）		皮肤		1		3A	H	1	0015	苯
			7.7（2ppm）	4	C		H,Sh	3	0011	苯胺
				2		3B	H	2B	0720	苯并[b]荧蒽
				2		3A	H	2B	0385	苯并蒽
				2		2	H	1	0104	苯并芘
8（2ppm）	16（4ppm）	皮肤		3B		3B	H	3	0070	苯酚
							Sh	3	0542	苯基-β-萘胺
7（1ppm）	14（2ppm）		7.1（1ppm）		C				0791	苯基醚（二苯醚）
			0.002 （0.0004ppm）				H		1283	苯基锡化合物
			0.5（可入 肺颗粒物， 0.1ppm）		C		H		0103	苯甲酸
			10（可吸入 颗粒物）		C		H			苯甲酸碱金属盐
				3B			H	2A	1015	苯甲酰氯
							H,Sh		0938	苯肼
							Sh	3A	0382	苯菌灵
									1424	苯膦
									0463	苯硫酚
			0.5（可吸入 颗粒物）				H		0753	苯硫磷
									1156	苯乙酮
			86（20ppm）	5	C			2B	0073	苯乙烯单体
				3B			H	2B	0323	吡啶
			1（可吸入 颗粒物）				H			吡啶硫酮钠
			22（5ppm）		C		H		0833	苄醇
				2			H	2A	0016	苄基氯

B

中文名称	英文名称	化学文摘号 (CAS No.)	中国职业接触限值 (Chinese OELs)				荷兰职业接触限值 (Dutch OELs)		
			MAC /(mg/m³)	PC-TWA /(mg/m³)	PC-STEL /(mg/m³)	备注	TWA-8h /(mg/m³)	TWA-15min /(mg/m³)	备注
丙醇	n-PROPYL ALCOHOL；n-Propanol	71-23-8		200	300				
β-丙醇酸内酯	β-PROPIOLACTONE	57-57-8							
2-丙二醇-1-乙醚乙酸酯	1-ETHOXY-2-PROPYL ACETATE	54839-24-6							
丙二醇	PROPYLENE GLYCOL	57-55-6							
丙二醇二硝酸酯	PROPYLENE GLYCOL DINITRATE	6423-43-4							
丙二醇一甲醚乙酸酯	2-METHOXY-1-METHYLETHYL ACETATE	108-65-6					500 (100ppm)		
丙二醇一乙醚	1-ETHOXY-2-PROPANOL	1569-02-4							
1,3-丙磺酸内酯	1,3-PROPANE SULTONE	1120-71-4							
丙醛	PROPIONALDEHYDE	123-38-6							
丙炔	METHYLACETYLENE	74-99-7							
丙酸	PROPIONIC ACID	79-09-4		30			31 (10ppm)	62 (20ppm)	
丙酮	ACETONE	67-64-1		300	450		1210 (500ppm)	2420 (1000ppm)	
丙酮氰醇（按 CN 计）	ACETONE CYANOHYDRIN,as CN	75-86-5	3			皮			
丙烷	PROPANE	74-98-6							
丙烯	PROPYLENE	115-07-1							
丙烯醇	ALLYL ALCOHOL	107-18-6		2	3	皮	4.8 (2ppm)	12.1 (5ppm)	H
丙烯腈	ACRYLONITRILE	107-13-1		1	2	皮			
丙烯醛	ACROLEIN	107-02-8	0.3			皮			
丙烯酸	ACRYLIC ACID	79-10-7		6		皮			
丙烯酸(-2-羟丙基)酯	2-HYDROXYPROPYL ACRYLATE	999-61-1							
丙烯酸甲酯	METHYL ACRYLATE	96-33-3		20		皮，敏	18 (5ppm)	36 (10ppm)	
丙烯酸聚合物(经中和、交联)	ACRYLIC ACID POLYMER (neutralized, cross-linked)	9003-01-4							
丙烯酸乙酯	ETHYL ACRYLATE	140-88-5					21 (5ppm)	42 (10ppm)	

欧盟职业接触限值（EU OELs）			德国职业接触限值（German MAK）					致癌物分类（IARC）	国际化学品安全卡编号（ICSC No.）	中文名称
8h /(mg/m³)	15min /(mg/m³)	备注	8h /(mg/m³)	致癌分类	妊娠风险分类	生殖细胞突变分类	备注			
									0553	丙醇
							H	2B	0555	β-丙醇酸内酯
			120 (20ppm)		C		H		1574	2-丙二醇-1-乙醚乙酸酯
									0321	丙二醇
			0.069 (0.01ppm)				H		1392	丙二醇二硝酸酯
275 (50ppm)	550 (100ppm)	皮肤	270 (50ppm)						0800	丙二醇一甲醚乙酸酯
			86(20ppm)		C		H		1573	丙二醇一乙醚
							H	2A	1524	1,3-丙磺酸内酯
									0550	丙醛
									0560	丙炔
31 (10ppm)	62 (20ppm)		31(10ppm)		C				0806	丙酸
1210 (500ppm)			1200 (500ppm)		B				0087	丙酮
									0611	丙酮氰醇（按 CN 计）
			1800 (1000ppm)						0319	丙烷
								3	0559	丙烯
4.8 (2ppm)	12.1 (5ppm)	皮肤		3B			H		0095	丙烯醇
				2			H,Sh	2B	0092	丙烯腈
0.05 (0.02ppm)	0.12 (0.05ppm)			3B			H	3	0090	丙烯醛
29 (10ppm)	59 (20ppm)		30 (10ppm)		C			3	0688	丙烯酸
									0899	丙烯酸(-2-羟丙基)酯
18 (5ppm)	36 (10ppm)		7.1(2ppm)		C		H,Sh	3	0625	丙烯酸甲酯
			0.05(可入肺颗粒物)	4	C					丙烯酸聚合物（经中和、交联）
21 (5ppm)	42 (10ppm)		8.3(2ppm)		C		H,Sh	2B	0267	丙烯酸乙酯

B

中文名称	英文名称	化学文摘号 (CAS No.)	中国职业接触限值 (Chinese OELs)				荷兰职业接触限值 (Dutch OELs)		
			MAC /(mg/ m³)	PC-TWA /(mg/ m³)	PC-STEL /(mg/ m³)	备注	TWA-8h /(mg/m³)	TWA-15min /(mg/m³)	备注
丙烯酸正丁酯	n-BUTYL ACRYLATE	141-32-2		25		敏	11 (2ppm)	53 (10ppm)	
丙烯酰胺	ACRYLAMIDE	79-06-1		0.3		皮	0.16		H
丙烯亚胺	PROPYLENEIMINE	75-55-8					0.0006 (0.0025ppm)		
铂及其可溶盐	PLATINUM, soluble salts	13454-96-1							
铂金属	PLATINUM, metal	7440-06-4					1		
卜特兰水泥	PORTLAND CEMENT	65997-15-1							
不溶六价铬化合物	CHROMIUM, Cr Ⅵ compounds, water insoluble	13530-65-9		0.05					
残杀威	PROPOXUR	114-26-1							
草酸	OXALIC ACID	144-62-7		1	2		1		
柴油机排放物	DIESEL ENGINE EMISSIONS								
柴油机燃料2号(以总烃计)	DIESEL FUEL, as total hydrocarbons	68476-34-6							
抽余油(60~220℃)	RAFFINATE(60~220℃)			300					
臭氧(繁重工作)	OZONE, heavy work	10028-15-6	0.3						
臭氧(轻松工作)	OZONE, light work	10028-15-6	0.3						
臭氧(任何工作接触均不超过2h)	OZONE, less than 2 hrs all kind work	10028-15-6	0.3				0.12 (0.06ppm)/h		
臭氧(中等强度工作)	OZONE, moderate work	10028-15-6	0.3						
除草定	BROMACIL	314-40-9							
除虫菊	PYRETHRUM	8003-34-7					1		
氮	NITROGEN	7727-37-9							
2,4-滴	2,4-D	94-75-7							
滴滴涕(DDT)	DICHLORODIPHENYL-TRICHLOROETHANE (DDT)	50-29-3		0.2					
狄氏剂	DIELDRIN	60-57-1							
敌百虫	TRICHLORFON	52-68-6		0.5	1				
敌草隆	DIURON	330-54-1		10					
敌敌畏	DICHLORVOS	62-73-7							
敌杀磷	DIOXATHION	78-34-2							

欧盟职业接触限值 (EU OELs)			德国职业接触限值 (German MAK)					致癌物分类 (IARC)	国际化学品安全卡编号 (ICSC No.)	中文名称
8h /(mg/m³)	15min /(mg/m³)	备注	8h /(mg/m³)	致癌分类	妊娠风险分类	生殖细胞突变分类	备注			
11(2ppm)	53(10ppm)		11(2ppm)		C		H,Sh	3	0400	丙烯酸正丁酯
				2		2	H,Sh	2A	0091	丙烯酰胺
							H	2B	0322	丙烯亚胺
							Sah		1145	铂及其可溶盐
									1393	铂金属
									1425	卜特兰水泥
			1(可吸入颗粒物)			2(inhalable)	H,Sh	1	0811	不溶六价铬化合物
			2(可吸入颗粒物)						0191	残杀威
1									0529	草酸
				2						柴油机排放物
								3	1561	柴油机燃料2号(以总烃计)
										抽余油(60~220℃)
				3B					0068	臭氧(繁重工作)
				3B					0068	臭氧(轻松工作)
				3B					0068	臭氧(任何工作接触均不超过2h)
				3B					0068	臭氧(中等强度工作)
									1448	除草定
1							Sh		1475	除虫菊
									1198,1199	氮
			2(可吸入颗粒物)		C		H	2B	0033	2,4-滴
			1(可吸入颗粒物)				H	2A	0034	滴滴涕(DDT)
			0.25(可吸入颗粒物)				H	2A	0787	狄氏剂
								3	0585	敌百虫
										敌草隆
			1(0.11ppm)		C		H	2B	0690	敌敌畏
									0883	敌杀磷

D

中文名称	英文名称	化学文摘号 (CAS No.)	中国职业接触限值 (Chinese OELs)				荷兰职业接触限值 (Dutch OELs)		
			MAC /(mg/m³)	PC-TWA /(mg/m³)	PC-STEL /(mg/m³)	备注	TWA-8h /(mg/m³)	TWA-15min /(mg/m³)	备注
敌菌丹	CAPTAFOL	2425-06-1							
地虫硫磷	FONOFOS	944-22-9							
碲	TELLURIUM	13494-80-9							
碲化铋（纯,按 Bi₂Te₃ 计）	BISMUTH TELLURIDE, undoped as Bi₂Te₃	1304-82-1		5					
碲化铋（含硒的,按 Bi₂Te₃ 计）	BISMUTH TELLURIDE, Se-doped as Bi₂Te₃	1304-82-1		5					
碲化合物（不包括氢化锑）	TELLURIUM compounds excluding Hydrogen Tellurium								
碘	IODINE	7553-56-2	1						
3-碘-2-丙炔基丁基氨基甲酸酯	3-IODO-2-PROPYNYL BUTYLCARBAMATE	55406-53-6							
碘仿	IODOFORM	75-47-8		10					
碘化物	IODIDES								
碘甲烷	METHYL IODIDE	74-88-4		10		皮			
淀粉	STARCH	9005-25-8							
叠氮化钠	SODIUM AZIDE	26628-22-8	0.3				0.1	0.3	H
叠氮化钠（以叠氮酸蒸气计）	SODIUM AZIDE as Hydrazoic acid vapour	26628-22-8							
叠氮酸蒸气	HYDRAZOIC ACID, vapour	7782-79-8	0.2						
丁醇	BUTYL ALCOHOL, n-Butanol	71-36-3		100					
2-丁醇	sec-BUTANOL；2-Butanol	78-92-2							
2,3-丁二酮	2,3-BUTANEDIONE；Diacetyl	431-03-8							
1,3-丁二烯	1,3-BUTADIENE	106-99-0		5			2 (0.9ppm)		
丁醛	BUTYLALDEHYDE	123-72-8		5	10				
2-丁炔-1,4-二醇	BUT-2-YNE-1,4-DIOL	110-65-6							
丁酮	BUTANONE；Methyl Ethyl Ketone	78-93-3		300	600		590 (200ppm)	900 (300ppm)	H
丁烷（同分异构体）	BUTANE, isomers	106-97-8, 75-28-5							
丁烯	BUTYLENE	25167-67-3		100					

D

欧盟职业接触限值 （EU OELs）			德国职业接触限值 （German MAK）					致癌物分类 （IARC）	国际化学品安全卡编号 （ICSC No.）	中文名称
8h /(mg/m³)	15min /(mg/m³)	备注	8h /(mg/m³)	致癌分类	妊娠风险分类	生殖细胞突变分类	备注			
								2A	0119	敌菌丹
									0708	地虫硫磷
									0986	碲
										碲化铋(纯,按 Bi_2Te_3 计)
										碲化铋(含硒的,按 Bi_2Te_3 计)
										碲化合物(不包括氢化碲)
									0167	碘
			0.058 (0.005ppm)				Sh			3-碘-2-丙炔基丁基氨基甲酸酯
										碘仿
									0479	碘化物
			2				H	3	0509	碘甲烷
									1553	淀粉
0.1	0.3	皮肤	0.2(可吸入颗粒物)			D			0950	叠氮化钠
		皮肤							0950	叠氮化钠(以叠氮酸蒸气计)
			0.18 (0.1ppm)							叠氮酸蒸气
			310 (100ppm)			C			0111	丁醇
									0112	2-丁醇
0.07 (0.02ppm)	0.36 (0.1ppm)		0.071 (0.02ppm)	3B	C		H,Sh		1168	2,3-丁二酮
				1		2		1	0017	1,3-丁二烯
									0403	丁醛
0.5			0.36 (0.1ppm)		C		H,Sh		1733	2-丁炔-1,4-二醇
600 (200ppm)	900 (300ppm)		600 (200ppm)		C		H		0179	丁酮
			2400 (1000ppm)			D			0232,0901	丁烷(同分异构体)
										丁烯

D

中文名称	英文名称	化学文摘号 (CAS No.)	中国职业接触限值 (Chinese OELs)				荷兰职业接触限值 (Dutch OELs)		
			MAC /(mg/ m³)	PC-TWA /(mg/ m³)	PC-STEL /(mg/ m³)	备注	TWA-8h /(mg/m³)	TWA-15min /(mg/m³)	备注
丁烯(所有异构体)	BUTENE,all isomers	106-98-9, 590-18-1, 624-64-6							
2-丁氧乙基乙酸酯	2-BUTOXYETHYL AC-ETATE	112-07-2					135 (20ppm)	333 (50ppm)	H
毒杀芬	CHLORINATED CAM-PHENE	8001-35-2							
毒死蜱	CHLORPYRIFOS	2921-88-2		0.2		皮			
毒莠定	PICLORAM	1918-02-1							
对氨基偶氮苯	p-AMINOAZO-BENZENE	60-09-3							
对苯二胺	p-PHENYLENEDIA-MINE	106-50-3							
对苯二甲酸	TEREPHTHALIC ACID	100-21-0		8	15				
对苯醌	QUINONE	106-51-4							
对茴香胺	p-ANISIDINE	104-94-9		0.5		皮			
对甲苯胺	p-TOLUIDINE	106-49-0							
对硫磷	PARATHION	56-38-2		0.05	0.1	皮			
对叔丁基苯酚	p-tert-BUTYLPHENOL	98-54-4							
对叔丁基甲苯	p-tert-BUTYLTOLU-ENE	98-51-1		6					
对硝基苯胺	p-NITROANILINE	100-01-6		3		皮			
对硝基氯苯	p-NITROCHLORO-BENZENE	100-00-5		0.6		皮			
多次甲基多苯基多异氰酸酯	POLYMETHYLENE POLYPHENYL ISOCY-ANATE(PMPPI)	57029-46-6		0.3	0.5				
多菌灵	CARBENDAZIM	10605-21-7							
二(2-氯乙基)醚	BIS(2-CHLOROETHYL) ETHER	111-44-4						10ppm	
二(叔十二烷基)五硫化物	DI(tert-DODECYL) PEN-TASULFIDE;Di(tert-do-decyl)polysulfide	31565-23-8, 68583-56-2, 68425-15-0							
二苯胺	DIPHENYLAMINE	122-39-4		10					
二苯基甲烷二异氰酸酯	DIPHENYLMETHANE DIISOCYANATE;Meth-ylene bisphenyl isocyanate	101-68-8		0.05	0.1				

D

欧盟职业接触限值（EU OELs）			德国职业接触限值（German MAK）					致癌物分类（IARC）	国际化学品安全卡编号（ICSC No.）	中文名称
8h /(mg/m³)	15min /(mg/m³)	备注	8h /(mg/m³)	致癌分类	妊娠风险分类	生殖细胞突变分类	备注			
									0396,0397,0398	丁烯(所有异构体)
133 (20ppm)	333 (50ppm)	皮肤	66 (10ppm)	4	C		H		0839	2-丁氧乙基乙酸酯
							H	2B	0843	毒杀芬
									0851	毒死蜱
								3	1246	毒莠定
							Sh			对氨基偶氮苯
			0.1(可吸入颗粒物)				H,Sh	3	0805	对苯二胺
			5(可吸入颗粒物)						0330	对苯二甲酸
							Sh	3	0779	对苯醌
				3B			H	3	0971	对茴香胺
							H,Sh		0343	对甲苯胺
			0.1(可吸入颗粒物)		D		H	2B	0006	对硫磷
			0.5 (0.08ppm)		D		H,Sh		0637	对叔丁基苯酚
									1068	对叔丁基甲苯
				3A			H		0308	对硝基苯胺
				3B			H		0846	对硝基氯苯
										多次甲基多苯基多异氰酸酯
			10(可吸入颗粒物)		B	5			1277	多菌灵
			59 (10ppm)				H	3	0417	二(2-氯乙基)醚
			5(可入肺颗粒物)		C					二(叔十二烷基)五硫化物
			5(可吸入颗粒物)	3B	C		H		0466	二苯胺
			0.05(可吸入颗粒物)	4	C		H,Sah	3	0298	二苯基甲烷二异氰酸酯

E

中文名称	英文名称	化学文摘号 (CAS No.)	中国职业接触限值 (Chinese OELs)				荷兰职业接触限值 (Dutch OELs)		
			MAC /(mg/ m^3)	PC-TWA /(mg/ m^3)	PC-STEL /(mg/ m^3)	备注	TWA-8h /(mg/m^3)	TWA-15min /(mg/m^3)	备注
二丙二醇	DIPROPYLENE GLYCOL	25265-71-8							
二丙二醇甲醚	DIPROPYLENE GLYCOL METHYL ETHER; (2-Methoxymethylethoxy) propanol	34590-94-8		600	900	皮	300 (48ppm)		
二丙基酮	DIPROPYL KETONE	123-19-3							
2-N-二丁氨基乙醇	2-N-DIBUTYLAMIN-OETHANOL	102-81-8		4		皮			
1,4-二噁烷	1,4-DIOXANE	123-91-1		70		皮	20 (6ppm)		
二氟二溴甲烷	DIBROMODIFLU-OROMETHANE	75-61-6							
二氟化氧	OXYGEN DIFLUORIDE	7783-41-7							
二氟氯甲烷	CHLORODIFLU-OROMETHANE	75-45-6		3500			3600 (1000ppm)		
二氟一氯乙烷	1-CHLORO-1,1-DIFLU-OROETHANE(FC-142b)	75-68-3							
1,1-二氟乙烯	VINYLIDENE FLUOR-IDE	75-38-7							·
二甘醇	DIETHYLENE GLYCOL	111-46-6							
二甘醇单乙醚	DIETHYLENE GLYCOL MONOETHYL ETHER	111-90-0							
二甘醇一丁醚	DIETHYLENE GLYCOL MONOBUTYL ETHER	112-34-5					50 (7ppm)	100 (14ppm)	H
二环己基甲烷二异氰酸酯	METHYLENE bis (4-CYCLOHEXYLISOCY-ANATE)	5124-30-1							
二甲氨基甲酰氯	DIMETHYL CARBAMOYL CHLORIDE	79-44-7							
二甲胺	DIMETHYLAMINE	124-40-3		5	10		1.8 (1ppm)		
二甲苯（混合异构体）	XYLENE,mixed isomers	1330-20-7		50	100		210 (47ppm)	442 (100ppm)	H
二甲苯（所有异构体）	XYLENE,all isomers	95-47-6, 108-38-3, 106-42-3		50	100		210 (47ppm)	442 (100ppm)	H
二甲代苯胺(混合异构体）	XYLIDINE, mixed isomers	1300-73-8							
二甲基苯胺	DIMETHYLANILINE	121-69-7		5	10	皮			
N,N-二甲基丁烷	N,N-DIMETHYLBUTANE	75-83-2							

E

欧盟职业接触限值（EU OELs）			德国职业接触限值（German MAK）					致癌物分类（IARC）	国际化学品安全卡编号（ICSC No.）	中文名称
8h /(mg/m³)	15min /(mg/m³)	备注	8h /(mg/m³)	致癌分类	妊娠风险分类	生殖细胞突变分类	备注			
			100(可吸入颗粒物)		C					二丙二醇
308 (50ppm)		皮肤	310 (50ppm)		D				0884	二丙二醇甲醚
									1414	二丙基酮
									1418	2-N-二丁氨基乙醇
73 (20ppm)			73 (20ppm)	4	C		H	2B	0041	1,4-二噁烷
									1419	二氟二溴甲烷
2.5									0818	二氟化氧
3600 (1000ppm)			1800 (500ppm)		C			3	0049	二氟氯甲烷
			4200 (1000ppm)		D				0643	二氟一氯乙烷
								3	0687	1,1-二氟乙烯
			44 (10ppm)		C				0619	二甘醇
			50(可吸入颗粒物)		C				0039	二甘醇单乙醚
67.5 (10ppm)	101.2 (15ppm)		67(10ppm)		C				0788	二甘醇一丁醚
							Sh			二环己基甲烷二异氰酸酯
				2			H	2A		二甲氨基甲酰氯
3.8 (2ppm)	9.4 (5ppm)		3.7(2ppm)		D				0260,1485	二甲胺
			440 (100ppm)		D		H	3		二甲苯(混合异构体)
221 (50ppm)	442 (100ppm)	皮肤	440 (100ppm)		D		H	3	0084,0085,0086	二甲苯(所有异构体)
									0600	二甲代苯胺(混合异构体)
			25(5ppm)	3B	D		H	3	0877	二甲基苯胺
			1800 (500ppm)							N,N-二甲基丁烷

中文名称	英文名称	化学文摘号 (CAS No.)	中国职业接触限值 (Chinese OELs)				荷兰职业接触限值 (Dutch OELs)		
			MAC /(mg/ m³)	PC-TWA /(mg/ m³)	PC-STEL /(mg/ m³)	备注	TWA-8h /(mg/m³)	TWA-15min /(mg/m³)	备注
1,3-二甲基丁基乙酸酯(仲-乙酸己酯)	1,3-DIMETHYLBUTYL ACETATE, sec-Hexylacetate	108-84-9		300					
2,3-二甲基丁烷	2,3-DIMETHYLBUTANE	79-29-8							
二甲基二氯硅烷	DIMETHYLDICHLORO SILANE	75-78-5	2						
二甲基甲酰胺	DIMETHYL-FORMAMIDE(DMF)	68-12-2		20		皮	15 (5ppm)	30 (10ppm)	H
1,1-二甲基肼	1,1-DIMETHYLHYDR-AZINE, unsymmetric	57-14-7		0.5		皮			
1,2-二甲基肼	1,2-DIMETHYLHYDR-AZINE	540-73-8							
3,3'-二甲基联苯胺	3,3'-DIMEHYLBENZI-DINE；o-Tolidine	119-93-7	0.02			皮			
二甲基亚砜	DIMETHYL SULFOXIDE	67-68-5							
N,N-二甲基乙胺	N,N-DIMETHYL ETH-YLAMINE	598-56-1							
1,1-二甲基乙酸丙酯	1,1-DIMETHYLPROP-YL ACETATE	625-16-1						530 (98ppm)	
N,N-二甲基乙酰胺	N,N-DIMETHYLACE-TAMIDE	127-19-5		20		皮	36 (10ppm)	72 (20ppm)	H
二甲基乙氧基硅烷	DIMETHYLETHOX-YSILANE	14857-34-2							
N,N-二甲基异丙胺	N,N-DIMETHYLISOPRO-PYLAMINE	996-35-0							
二甲醚	DIMETHYL ETHER	115-10-6					950 (495ppm)	1500 (782ppm)	
二聚环戊二烯	DICYCLOPENTADIENE	77-73-6		25					
二硫化二甲基	DIMETHYL DISULFIDE	624-92-0							
1,1-二氯-1-硝基乙烷	1,1-DICHLORO-1-NITROETHANE	594-72-9		12					
1,4-二氯-2-丁烯	1,4-DICHLORO-2-BUTENE	764-41-0							
1,3-二氯-5,5-二甲基乙内酰脲	1,3-DICHLORO-5,5-DIMETHYLHYDANTOIN	118-52-5							
1,3-二氯苯	1,3-DICHLOROBENZENE	541-73-1							
1,2-二氯苯	1,2-DICHLOROBENZENE	95-50-1		50	100		122 (20ppm)	300 (48ppm)	H
1,4-二氯苯	1,4-DICHLOROBENZENE	106-46-7		30	60		150 (24ppm)	300 (48ppm)	

欧盟职业接触限值 （EU OELs）			德国职业接触限值 （German MAK）					致癌物 分类 （IARC）	国际化学 品安全 卡编号 （ICSC No.）	中文名称
8h /（mg/m³）	15min /（mg/m³）	备注	8h /（mg/m³）	致癌 分类	妊娠 风险 分类	生殖细 胞突变 分类	备注			
									1335	1,3-二甲基丁基乙酸酯（仲-乙酸己酯）
			1800 （500ppm）							2,3-二甲基丁烷
									0870	二甲基二氯硅烷
15 （5ppm）	30 （10ppm）	皮肤	15（5ppm）	4	B		H	2A	0457	二甲基甲酰胺
				2			H,Sh	2B	0147	1,1-二甲基肼
				2			H,Sh	2A	1662	1,2-二甲基肼
				2				2B	0960	3,3'-二甲基联苯胺
			160 （50ppm）		B		H		0459	二甲基亚砜
			6.1（2ppm）		D					N,N-二甲基乙胺
270 （50ppm）	540 （100ppm）		270 （50ppm）		D					1,1-二甲基乙酸丙酯
36 （10ppm）	72 （20ppm）	皮肤	18（5ppm）		C		H		0259	N,N-二甲基乙酰胺
										二甲基乙氧基硅烷
			3.6 （1ppm）		D					N,N-二甲基异丙胺
1920 （1000ppm）			1900 （1000ppm）		D				0454	二甲醚
			2.7 （0.5ppm）		D				0873	二聚环戊二烯
									1586	二硫化二甲基
									0434	1,1-二氯-1-硝基乙烷
				2		3	H			1,4-二氯-2-丁烯
										1,3-二氯-5,5-二甲基乙内酰脲
			12（2ppm）		C			3	1095	1,3-二氯苯
122 （20ppm）	306 （50ppm）	皮肤	61 （10ppm）		C		H	3	1066	1,2-二氯苯
12 （2ppm）	60 （10ppm）	皮肤	12（2ppm）	4	C		H	2B	0037	1,4-二氯苯

中文名称	英文名称	化学文摘号 (CAS No.)	中国职业接触限值 (Chinese OELs)				荷兰职业接触限值 (Dutch OELs)		
			MAC /(mg/m³)	PC-TWA /(mg/m³)	PC-STEL /(mg/m³)	备注	TWA-8h /(mg/m³)	TWA-15min /(mg/m³)	备注
1,3-二氯丙醇	1,3-DICHLOROPRO-PANOL	96-23-1		5		皮			
2,2-二氯丙酸	2,2-DICHLOROPROPI-ONIC ACID	75-99-0							
1,2-二氯丙烷	1,2-DICHLOROPRO-PANE；Propylene dichloride	78-87-5		350	500				
1,3-二氯丙烯	1,3-DICHLOROPRO-PENE	542-75-6		4		皮			
二氯二氟甲烷	DICHLORODIFLU-OROMETHANE	75-71-8		5000					
二氯甲烷	DICHLOROMETHANE	75-09-2		200					
3,3'-二氯联苯胺	3,3'-DICHLOROBENZI-DINE	91-94-1							
二氯乙炔	DICHLOROACETY-LENE	7572-29-4	0.4				0.4 (0.1ppm)		C
二氯乙酸	DICHLOROACETIC ACID	79-43-6							
1,1-二氯乙烷	1,1-DICHLOROETHANE	75-34-3					400 (97ppm)	800 (194ppm)	
1,2-二氯乙烷	1,2-DICHLOROETHANE；Ethylene dichloride	107-06-2		7	15		7		
1,2-二氯乙烯	1,2-DICHLOROETH-YLENE	540-59-0		800					
1,1-二氯乙烯	VINYLIDENE CHLORIDE	75-35-4							
1,2-二氯乙烯(顺式和反式)	1,2-DICHLOROETHYL-ENE,cis and trans	156-59-2,156-60-5							
1,2-二氯乙烯(所有异构体)	1,2-DICHLOROETHYL-ENE,all isomers	156-59-2,156-60-5,540-59-0							
二茂铁	DICYCLOPENTADIE-NYL IRON；Ferrocene	102-54-5							
二嗪农	DIAZINON	333-41-5							
2,6-二叔丁基对甲酚	BUTYLATED HYDROXYTOLUENE	128-37-0							
二水合草酸	OXALIC ACID,dihydrate	6153-56-6							
二羧酸二甲基酯	DICARBOXYLIC ACID DIMETHYLESTER	95481-62-2							
二缩水甘油醚	DIGLYCIDYL ETHER (DGE)	2238-07-5		0.5					

欧盟职业接触限值 （EU OELs）			德国职业接触限值 （German MAK）					致癌物 分类 （IARC）	国际化学 品安全 卡编号 （ICSC No.）	中文名称
8h /(mg/m³)	15min /(mg/m³)	备注	8h /(mg/m³)	致癌 分类	妊娠 风险 分类	生殖细 胞突变 分类	备注			
				2			H	2B	1711	1,3-二氯丙醇
									1509	2,2-二氯丙酸
				3B				1	0441	1,2-二氯丙烷
				2			H,Sh	2B	0995	1,3-二氯丙烯
			5000 (1000ppm)		C				0048	二氯二氟甲烷
353 (100ppm)	706 (200ppm)	皮肤	180 (50ppm)	5	B		H	2A	0058	二氯甲烷
				2			H	2B	0481	3,3′-二氯联苯胺
				2				3	1426	二氯乙炔
				3A				2B	0868	二氯乙酸
412 (100ppm)		皮肤	410 (100ppm)		C				0249	1,1-二氯乙烷
				2			H	2B	0250	1,2-二氯乙烷
			800 (200ppm)						0436	1,2-二氯乙烯
8 (2ppm)	20 (5ppm)		8(2ppm)					2B	0083	1,1-二氯乙烯
			800 (200ppm)							1,2-二氯乙烯（顺式 和反式）
			800 (200ppm)						0436	1,2-二氯乙烯（所有 异构体）
									1512	二茂铁
			0.1(可吸入 颗粒物)		C		H	2A	0137	二嗪农
			10(可吸入 颗粒物)	4	C			3	0841	2,6-二叔丁基对甲 酚
									0707	二水合草酸
			5 (0.75ppm)							二羧酸二甲基酯
				3B			H		0145	二缩水甘油醚

E

中文名称	英文名称	化学文摘号（CAS No.）	中国职业接触限值（Chinese OELs）				荷兰职业接触限值（Dutch OELs）		
			MAC/(mg/m³)	PC-TWA/(mg/m³)	PC-STEL/(mg/m³)	备注	TWA-8h/(mg/m³)	TWA-15min/(mg/m³)	备注
二硝基苯（所有异构体）	DINITROBENZENE, all isomers	528-29-0，99-65-0，100-25-4，25154-54-5		1		皮			
二硝基甲苯	DINITROTOLUENE	25321-14-6		0.2		皮			
4,6-二硝基邻苯甲酚	4,6-DINITRO-o-CRESOL	534-52-1		0.2		皮			
二硝基氯苯	DINITROCHLORO-BENZENE	25567-67-3		0.6		皮			
二硝托胺	3,5-DINITRO-o-TOLU-AMIDE	148-01-6							
二溴敌草快（可入肺）	DIQUAT DIBROMIDE, respirable	85-00-7							
二溴敌草快（可吸入）	DIQUAT DIBROMDE, inhalable	85-00-7							
二溴磷	NALED	300-76-5							
二溴乙烷	ETHYLENE DIBROMIDE	106-93-4					0.002 (0.00025ppm)		
二亚乙基三胺	DIETHYLENETRI-AMINE	111-40-0		4		皮			
二氧化氮	NITROGEN DIOXIDE	10102-44-0		5	10		0.4 (0.2ppm)	1 (0.5ppm)	
二氧化硫	SULFUR DIOXIDE	7446-09-5		5	10		0.7 (0.26ppm)		
二氧化氯	CHLORINE DIOXIDE	10049-04-4		0.3	0.8				
二氧化钛	TITANIUM DIOXIDE	13463-67-7		8(粉尘)					
二氧化碳	CARBON DIOXIDE	124-38-9		9000	18000		9000 (5000ppm)		
二氧化碳	CARBON DISULFIDE	75-15-0		5	10	皮	15 (5ppm)		H
（二）氧化锡（按 Sn 计）	TIN (DI)OXIDE,as Sn	18282-10-5，1332-29-2		2					
1,3-二氧戊环	1,3-DIOXOLANE	646-06-0							
2-二乙氨基乙醇	2-DIETHYLAMIN-OETHANOL	100-37-8		50		皮			
二乙胺	DIETHYLAMINE	109-89-7					15 (5ppm)	30 (10ppm)	
二乙醇胺	DIETHANOLAMINE	111-42-2							

欧盟职业接触限值（EU OELs）			德国职业接触限值（German MAK）					致癌物分类（IARC）	国际化学品安全卡编号（ICSC No.）	中文名称
8h /(mg/m³)	15min /(mg/m³)	备注	8h /(mg/m³)	致癌分类	妊娠风险分类	生殖细胞突变分类	备注			
				3B			H		0460,0691,0692,0725	二硝基苯(所有异构体)
				2			H		0465	二硝基甲苯
									0462	4,6-二硝基邻苯甲酚
										二硝基氯苯
									1552	二硝托胺
									1363	二溴敌草快(可入肺)
									1363	二溴敌草快(可吸入)
			0.5(可吸入颗粒物)				H,Sh		0925	二溴磷
				2			H	2A	0045	二溴乙烷
									0620	二亚乙基三胺
0.96 (0.5ppm)	1.91 (1ppm)		0.95 (0.5ppm)	3B	D				0930	二氧化氮
1.3 (0.5ppm)	2.7 (1ppm)		2.7 (1ppm)	C				3	0074	二氧化硫
			0.28 (0.1ppm)	D					0127	二氧化氯
				3A(可吸入颗粒物)				2B	0338	二氧化钛
9000 (5000ppm)			9100 (5000ppm)						0021	二氧化碳
15 (5ppm)		皮肤	16(5ppm)	H			H		0022	二氧化碳
								2B	0954	(二)氧化锡(按 Sn 计)
			150(50)	B			H			1,3-二氧戊环
			24(5ppm)	C			H		0257	2-二乙氨基乙醇
15 (5ppm)	30 (10ppm)		6.1(2ppm)	D			H		0444	二乙胺
			1(可吸入颗粒物)	3B	C		H,Sh	2B	0618	二乙醇胺

E

中文名称	英文名称	化学文摘号（CAS No.）	中国职业接触限值（Chinese OELs）				荷兰职业接触限值（Dutch OELs）		
			MAC /(mg/ m³)	PC-TWA /(mg/ m³)	PC-STEL /(mg/ m³)	备注	TWA-8h /(mg/m³)	TWA-15min /(mg/m³)	备注
二乙二醇单丁基醚乙酸酯	DIETHYLENE GLYCOL MONOBUTYL ETHER ACETATE	124-17-4							
二乙二醇二甲醚	DIETHYLENE GLYCOL DIMETHYL ETHER	111-96-6							
N,N-二乙基二硫代氨基甲酸钠	N,N-SODIUM DIETH-YLDITHIOCARBAM-ATE	148-18-5							
二乙基甲酮	DIETHYL KETONE	96-22-0		700	900				
N,N-二乙基羟胺	N,N-DIETHYLHYDR-OXYLAMINE	3710-84-7							
二乙烯基苯	DIVINYLBENZENE	1321-74-0		50					
二异丙胺	DIISOPROPYLAMINE	108-18-9							
二异丙基醚	DIISOPROPYL ETHER	108-20-3							
二异丁基甲酮	DIISOBUTYL KETONE	108-83-8		145					
二异氰酸甲苯酯（TDI）	2,4-TOLUENE DIISO-CYANATE(TDI)	584-84-9, 91-08-7		0.1	0.2	敏			
二月桂酸二丁基锡	DIBUTYLTIN DILAU-RATE	77-58-7		0.1	0.2	皮			
钒及其化合物(不含五氧化二钒，按V计)	VANADIUM, and Vana-dium compounds except Pentoxide,as V	7440-62-2, 1314-34-7, 11115-67-6					0.01	0.03	
钒铁合金粉尘	FERROVANADIUM, al-loy dust	12604-58-9							
反式-1,3,3,3-四氟丙烯	trans-1, 3, 3, 3-TET-RAFLUOROPROPENE	29118-24-9							
方石英	SILICA, cristobalite	14464-46-1					0.075		
芳烃基汞化合物(按Hg计)	MERCURY ARYL com-pounds,as Hg			0.01	0.03	皮			
吩噻嗪	PHENOTHIAZINE	92-84-2							
粉尘(可入肺)	DUST, respirable fraction								
粉尘(可吸入)	DUST, inhalable fraction								
丰索磷	FENSULFOTHION	115-90-2							
呋喃	FURAN	110-00-9		0.5					
氟	FLUORINE	7782-41-4						0.5	

E

8h /(mg/m³)	15min /(mg/m³)	备注	8h /(mg/m³)	致癌分类	妊娠风险分类	生殖细胞突变分类	备注	致癌物分类（IARC）	国际化学品安全卡编号（ICSC No.）	中文名称
	欧盟职业接触限值（EU OELs）			德国职业接触限值（German MAK）						中文名称
			85（10ppm）	C					0789	二乙二醇单丁基醚乙酸酯
			28(5ppm)	B			H		1357	二乙二醇二甲醚
			2（可吸入颗粒物）				Sh	3	0446	N,N-二乙基二硫代氨基甲酸钠
									0874	二乙基甲酮
										N,N-二乙基羟胺
									0885	二乙烯基苯
									0449	二异丙胺
			850（200ppm）						0906	二异丙基醚
									0713	二异丁基甲酮
				3A			Sah		0339,1301	二异氰酸甲苯酯（TDI）
									1171	二月桂酸二丁基锡
			2（可吸入颗粒物）			2			0455,1522	钒及其化合物（不含五氧化二钒，按 V 计）
										钒铁合金粉尘
			4700（1000ppm）							反式-1,3,3,3-四氟丙烯
								1	0809	方石英
				3B					0541	芳烃基汞化合物（按 Hg 计）
									0937	吩噻嗪
			0.3（可入肺颗粒物）	4	C					粉尘（可入肺）
			4（可吸入颗粒物）							粉尘（可吸入）
									1406	丰索磷
			0.056（0.02ppm）	4	D		H	2B	1257	呋喃
1.58（1ppm）	3.16（2ppm）								0046	氟

F

中文名称	英文名称	化学文摘号 (CAS No.)	中国职业接触限值 (Chinese OELs)				荷兰职业接触限值 (Dutch OELs)		
			MAC /(mg/m³)	PC-TWA /(mg/m³)	PC-STEL /(mg/m³)	备注	TWA-8h /(mg/m³)	TWA-15min /(mg/m³)	备注
氟化氢（按F计）	HYDROGEN FLUORIDE, as F	7664-39-3	2					1	
氟化物（不含氟化氢，按F计）	FLUORIDES, except HF, as F	7783-70-2, 7637-07-2, 2551-62-4, 75-73-0, 7783-61-1, 75-46-7, 75-02-5, 353-50-4, 7790-91-2, 75-38-7, 7783-41-7, 7783-47-3, 7783-79-1, 7681-49-4, 7789-30-2, 7616-94-6, 12125-01-8, 7783-54-2, 7783-81-5, 7789-75-5, 7784-18-1, 7787-49-7, 2699-79-8, 7783-60-0, 15096-52-3		2			2		
氟氯氰菊酯	CYFLUTHRIN	68359-37-5							
氟烷	HALOTHANE	151-67-7							
氟乙酸钠盐	SODIUM FLUOROACETATE	62-74-8							
氟乙烯	VINYL FLUORIDE	75-02-5							
福美双	THIRAM	137-26-8							
福美铁	FERBAM	14484-64-1							
福美锌	ZIRAM	137-30-4							
甘油	GLYCEROL	56-81-5							
干洗溶剂	STODDARD SOLVENT	8052-41-3							
高岭土	KAOLIN	1332-58-7							
锆	ZIRCONIUM	7440-67-7		5	10				
锆化合物（按Zr计）	ZIRCONIUM compounds, as Zr			5	10				

欧盟职业接触限值 （EU OELs）			德国职业接触限值 （German MAK）					致癌物 分类 （IARC）	国际化学 品安全 卡编号 （ICSC No.）	中文名称
8h /(mg/m³)	15min /(mg/m³)	备注	8h /(mg/m³)	致癌 分类	妊娠 风险 分类	生殖细 胞突变 分类	备注			
1.5 (1.8ppm)	2.5 (3ppm)		0.83 (1ppm)		C				0283,1777	氟化氢(按F计)
2.5			1(可吸入 颗粒物)		C		H		0220,0231, 0571,0575, 0576,0577, 0598,0633, 0656,0687, 0818,0860, 0947,0951, 0974,1114, 1223,1234, 1250,1323, 1324,1355, 1402,1456, 1565	氟化物(不含氟化 氢,按F计)
			0.01(可吸入 颗粒物)		C				1764	氟氯氰菊酯
			41(5ppm)						0277	氟烷
			0.05(可吸入 颗粒物)				H		0484	氟乙酸钠盐
								2A	0598	氟乙烯
			1(可吸入 颗粒物)				Sh	3	0757	福美双
								3	0792	福美铁
			0.01(可吸入 颗粒物)				Sh	3	0348	福美锌
			200(可吸入 颗粒物)						0624	甘油
									0361	干洗溶剂
									1144	高岭土
			1(可吸入 颗粒物)				Sah		1405	锆
			1(可吸入 颗粒物)				Sah			锆化合物(按Zr计)

F

中文名称	英文名称	化学文摘号 (CAS No.)	中国职业接触限值 (Chinese OELs)				荷兰职业接触限值 (Dutch OELs)		
			MAC /(mg/m^3)	PC-TWA /(mg/m^3)	PC-STEL /(mg/m^3)	备注	TWA-8h /(mg/m^3)	TWA-15min /(mg/m^3)	备注
镉	CADMIUM, as Cd	7440-43-9		0.01	0.02				
镉及其化合物（按Cd计）	CADMIUM, compounds, as Cd	10108-64-2, 1306-19-0, 1306-23-6, 543-90-8, 10124-36-4		0.01	0.02		0.005		
铬金属	CHROMIUM, metal	7440-47-3		0.05			0.5		
铬矿石加工过程,铬酸盐	CHROMITE ORE PROCESSING, Chromate			0.05			0.01		
铬酸钙	CALCIUM CHROMATE	13765-19-0		0.05			0.001		
铬酸铅（按Cr计）	LEAD CHROMATE, as Cr	7758-97-6		0.05			0.001		
铬酸铅（按Pb计）	LEAD CHROMATE, as Pb	7758-97-6							
铬酸锶	STRONTIUM CHROMATE	7789-06-2		0.05			0.001		
铬酸锌	ZINC CHROMATES	13530-65-9, 11103-86-9		0.05			0.001		
铬酰氯	CHROMYL CHLORIDE	14977-61-8							
庚烷异构体	HEPTANE isomers	142-82-5, 591-76-4							
汞及二价无机汞离子	MERCURY and MERCURY 2$^+$ inorganic ion	7439-97-6, 1600-27-7, 7487-94-7, 10045-94-0, 21908-53-2, 7783-35-9					0.02		
汞金属（蒸气）	MERCURY METAL, vapour	7439-97-6		0.02	0.04	皮			
汞元素及其无机化合物	MERCURY, elemental and inorganic compounds	7439-97-6, 7487-94-7, 10045-94-0, 21908-53-2, 7783-35-9							
谷硫磷	AZINPHOS-METHYL	86-50-0							
谷物粉尘	GRAIN, dust								
钴及其无机化合物	COBALT, INORGANIC compounds	7646-79-9, 10026-22-9, 1308-04-9, 10124-43-3, 6147-53-1, 10026-24-1, 10141-05-6							

欧盟职业接触限值 （EU OELs）			德国职业接触限值 （German MAK）					致癌物 分类 （IARC）	国际化学 品安全 卡编号 （ICSC No.）	中文名称
8h /(mg/m³)	15min /(mg/m³)	备注	8h /(mg/m³)	致癌 分类	妊娠 风险 分类	生殖细 胞突变 分类	备注			
			1			3A	H	1	0020	镉
			1			3A	H	1	0116,0117, 0404,1075, 1318	镉及其化合物（按 Cd计）
2								3	0029	铬金属
										铬矿石加工过程,铬 酸盐
									1771	铬酸钙
									0003	铬酸铅（按Cr计）
									0003	铬酸铅（按Pb计）
									0957	铬酸锶
									0811,1775	铬酸锌
									0854	铬酰氯
2085 （500ppm）									0657,0658	庚烷异构体
0.02			0.02(可吸入 颗粒物)					3	0056,0978, 0979,0980, 0981,0982	汞及二价无机汞离 子
			0.02(可吸入 颗粒物)				H,Sh	3	0056	汞金属（蒸气）
			0.02(可吸入 颗粒物)	3B	D		H,Sh	3	0056,0979, 0980,0981, 0982	汞元素及其无机化 合物
			0.2(可吸入 颗粒物)				H		0826	谷硫磷
			0.3(可入肺 颗粒物)							谷物粉尘
			2			3A	H,Sah	2B	0783,0784, 0785,1127, 1128,1396, 1397	钴及其无机化合物

G

G

中文名称	英文名称	化学文摘号 (CAS No.)	中国职业接触限值 (Chinese OELs)				荷兰职业接触限值 (Dutch OELs)		
			MAC /(mg/m³)	PC-TWA /(mg/m³)	PC-STEL /(mg/m³)	备注	TWA-8h /(mg/m³)	TWA-15min /(mg/m³)	备注
钴及其氧化物（按Co计）	COBALT and Oxides, as Co	7440-48-4, 1308-04-9, 1307-96-6		0.05	0.1		0.02		
光气	PHOSGENE	75-44-5	0.5				0.08 (0.02ppm)	0.4 (0.1ppm)	
硅酸钙（自然界中以硅灰石形式存在）	CALCIUM SILICATE, naturally occurring as Wollastonite	13983-17-0		5					
硅酸四乙酯	TETRA ETHYL SILICATE	78-10-4							
1-癸醇	1-DECANOL；Decyl alcohol	112-30-1							
癸硼烷	DECABORANE	17702-41-9		0.25	0.75	皮			
过硫酸铵	AMMONIUM PERSULFATE	7727-54-0							
过硫酸盐类	PERSULFATES, as Persulfate	7727-54-0, 7727-21-1, 7775-27-1							
过氯酰氟	PERCHLORYL FLUORIDE	7616-94-6							
过氧化苯甲酰	BENZOYL PEROXIDE	94-36-0		5					
过氧化甲乙酮（工业级）	METHYL ETHYL KETONE PEROXIDE	1338-23-4							
过氧化氢	HYDROGEN PEROXIDE	7722-84-1		1.5					
过氧乙酸	PERACETIC ACID	79-21-0							
铪粉（干的）	HAFNIUM（powder）	7440-58-6							
铪化合物	HAFNIUM, compounds								
氦	HELIUM	7440-59-7							
合成玻璃纤维（玻璃棉纤维）	SYNTHETIC VITREOUS FIBERS, glass wool fibers								
合成玻璃纤维（连续长丝玻璃纤维）	SYNTHETIC VITREOUS FIBERS, continuous filament glass fiber								
合成玻璃纤维（连续长丝玻璃纤维，可吸入颗粒物）	SYNTHETIC VITREOUS FIBERS, continuous filament glass fiber, inhalable								
合成玻璃纤维（耐火陶瓷纤维）	SYNTHETIC VITREOUS FIBERS, refractory ceramic fibers								

欧盟职业接触限值（EU OELs）			德国职业接触限值（German MAK）					致癌物分类（IARC）	国际化学品安全卡编号（ICSC No.）	中文名称
8h /(mg/m³)	15min /(mg/m³)	备注	8h /(mg/m³)	致癌分类	妊娠风险分类	生殖细胞突变分类	备注			
				2		3A	H,Sah	2B	0782,0785,1551	钴及其氧化物（按Co计）
0.08 (0.02ppm)	0.4 (0.1ppm)		0.41 (0.1ppm)		C				0007	光气
								3		硅酸钙（自然界中以硅灰石形式存在）
44 (5ppm)			86 (10ppm)						0333	硅酸四乙酯
			66 (10ppm)		C				1490	1-癸醇
			0.25 (0.05ppm)				H		0712	癸硼烷
							Sah		0632	过硫酸铵
									0632,1133,1136	过硫酸盐类
2.5									1114	过氯酰氟
			5（可吸入颗粒物）					3	0225	过氧化苯甲酰
									1028	过氧化甲乙酮（工业级）
			0.71 (0.5ppm)	4	C			3	0164	过氧化氢
									1031	过氧乙酸
									0847	铪粉（干的）
										铪化合物
									0603	氦
										合成玻璃纤维（玻璃棉纤维）
										合成玻璃纤维（连续长丝玻璃纤维）
										合成玻璃纤维（连续长丝玻璃纤维，可吸入颗粒物）
										合成玻璃纤维（耐火陶瓷纤维）

G

中文名称	英文名称	化学文摘号 (CAS No.)	中国职业接触限值 (Chinese OELs)				荷兰职业接触限值 (Dutch OELs)		
			MAC /(mg/ m³)	PC-TWA /(mg/ m³)	PC-STEL /(mg/ m³)	备注	TWA-8h /(mg/m³)	TWA-15min /(mg/m³)	备注
合成玻璃纤维(岩棉纤维)	SYNTHETIC VITREOUS FIBERS, rock wool fibers								
合成玻璃纤维(渣棉纤维)	SYNTHETIC VITREOUS FIBERS, slag wool fibers								
合成玻璃纤维(专用玻璃纤维)	SYNTHETIC VITREOUS FIBERS, special purpose glass fiber								
滑石(不含石棉纤维)	TALC, containing no asbestos fibers	14807-96-6		3			0.25		
滑石(含石棉纤维)	TALC, containing asbestos fibers	14807-96-6		3					
环己胺	CYCLOHEXYLAMINE	108-91-8		10	20				
环己醇	CYCLOHEXANOL	108-93-0		100		皮			
N-环己羟基-二氮烯-1-氧化物铜盐	N-CYCLOHEXYL-HYDROXY-DIAZENE-1-OXIDE, copper salt	15627-09-5							
环己酮	CYCLOHEXANONE	108-94-1		50		皮		50 (12ppm)	H
环己烷	CYCLOHEXANE	110-82-7		250			700 (200ppm)	1400 (400ppm)	
环己烯	CYCLOHEXENE	110-83-8							
环戊二烯	CYCLOPENTADIENE	542-92-7							
环戊二烯基三羰基锰	MANGANESE CYCLOPENTADIENYL TRICARBONYL	12079-65-1							
环戊烷	CYCLOPENTANE	287-92-3							
环氧丙烷	PROPYLENE OXIDE	75-56-9		5		敏	6(2.5ppm)		
环氧氯丙烷	EPICHLOROHYDRIN	106-89-8		1	2	皮	0.19		
环氧七氯	HEPTACHLOR EPOXIDE	1024-57-3							
环氧乙烷	ETHYLENE OXIDE	75-21-8		2			0.84(0.46ppm)		
黄磷	PHOSPHORUS, yellow	12185-10-3		0.05	0.1				
1,6-己二胺	1,6-HEXANEDIAMINE	124-09-4							
己二醇可吸入气溶胶	HEXYLENE GLYCOL inhalable, aerosol	107-41-5	100						
己二醇蒸气	HEXYLENE GLYCOL vapour	107-41-5	100						
己二腈	ADIPONITRILE	111-69-3							
己二酸	ADIPIC ACID	124-04-9							

欧盟职业接触限值（EU OELs）8h /(mg/m³)	15min /(mg/m³)	备注	德国职业接触限值（German MAK）8h /(mg/m³)	致癌分类	妊娠风险分类	生殖细胞突变分类	备注	致癌物分类（IARC）	国际化学品安全卡编号（ICSC No.）	中文名称
										合成玻璃纤维(岩棉纤维)
										合成玻璃纤维(渣棉纤维)
										合成玻璃纤维(专用玻璃纤维)
								3	0329	滑石(不含石棉纤维)
								1	0329,0014,1314	滑石(含石棉纤维)
			8.2(2ppm)		C				0245	环己胺
							H		0243	环己醇
			0.05(可入肺颗粒物)				H			N-环己羟基-二氮烯-1-氧化物铜盐
40.8(10ppm)	81.6(20ppm)	皮肤		3B			H	3	0425	环己酮
700(200ppm)			700(200ppm)		D				0242	环己烷
									1054	环己烯
									0857	环戊二烯
									0977	环戊二烯基三羰基锰
									0353	环戊烷
			4.8(2ppm)	4	C		Sh	2B	0192	环氧丙烷
				2		3B	H,Sh	2A	0043	环氧氯丙烷
										环氧七氯
				2		2	H	1	0155	环氧乙烷
			0.01(可吸入颗粒物)		C				0628	黄磷
									0659	1,6-己二胺
					D				0660	己二醇可吸入气溶胶
			49(10ppm)		D				0660	己二醇蒸气
									0211	己二腈
			2(可吸入颗粒物)		C				0369	己二酸

H

中文名称	英文名称	化学文摘号 (CAS No.)	中国职业接触限值 (Chinese OELs)				荷兰职业接触限值 (Dutch OELs)		
			MAC /(mg/m³)	PC-TWA /(mg/m³)	PC-STEL /(mg/m³)	备注	TWA-8h /(mg/m³)	TWA-15min /(mg/m³)	备注
1,6-己二异氰酸酯	HEXAMETHYLENE DIISOCYANATE	822-06-0		0.03					
己内酰胺	CAPROLACTAM	105-60-2		5			1ppm(蒸汽); 5(固态)	3	
2-己酮	2-HEXANONE; Methyl *n*-butyl ketone	591-78-6		20	40	皮			
己烷异构体(正己烷除外)	HEXANE isomers (other than *n*-Hexane)	75-83-2, 79-29-8, 107-83-5, 96-14-0							
1-己烯	1-HEXENE	592-41-6							
季戊四醇	PENTAERYTHRITOL	115-77-5							
加氢三联苯(未经辐射的)	HYDROGENATED TERPHENYLS nonirradiated	61788-32-7							
甲拌磷	THIMET;Phorate	298-02-2	0.01			皮			
甲苯	TOLUENE	108-88-3		50	100	皮	150 (39ppm)	384 (100ppm)	
N-甲苯胺	N-METHYLANILINE	100-61-8		2		皮			
甲丙硫磷	SULPROFOS	35400-43-2							
甲草胺	ALACHLOR	15972-60-8							
甲醇	METHANOL	67-56-1		25	50	皮	133 (100ppm)		H
甲酚(全部异构体)	CRESOL,all isomers	95-48-7, 108-39-4, 106-44-5, 1319-77-3		10		皮	22		H
α-甲基苯乙烯	α-METHYLSTYRENE	98-83-9					20(4ppm)		
2-甲基苯乙烯	2-METHYL STYRENE	611-15-4							
3-甲基苯乙烯	3-METHYL STYRENE	100-80-1							
4-甲基苯乙烯	4-METHYL STYRENE	622-97-9							
2-甲基吡咯烷酮	N-METHYL-2-PYRROLIDON	872-50-4					40 (10ppm)	80 (20ppm)	H
甲基丙基酮	METHYL PROPYL KETONE	107-87-9							
甲基丙烯腈	METHYLACRYLONITRILE	126-98-7		3		皮			
甲基丙烯酸	METHACRYLIC ACID	79-41-4		70					

欧盟职业接触限值 (EU OELs)			德国职业接触限值 (German MAK)					致癌物分类 (IARC)	国际化学品安全卡编号 (ICSC No.)	中文名称
8h /(mg/m³)	15min /(mg/m³)	备注	8h /(mg/m³)	致癌分类	妊娠风险分类	生殖细胞突变分类	备注			
			0.035 (0.005ppm)	D			Sah		0278	1,6-己二异氰酸酯
10	40		5(可吸入颗粒物)					4	0118	己内酰胺
			21(5ppm)				H		0489	2-己酮
			1800 (500ppm)						1262,1263	己烷异构体(正己烷除外)
									0490	1-己烯
									1383	季戊四醇
19 (2ppm)	48 (5ppm)								1249	加氢三联苯(未经辐射的)
									1060	甲拌磷
192 (50ppm)	384 (100ppm)	皮肤	190 (50ppm)	C			H	3	0078	甲苯
			2.2 (0.5ppm)	3B	D		H		0921	N-甲苯胺
			·						1248	甲丙硫磷
									0371	甲草胺
260 (200ppm)		皮肤	270 (200ppm)	C			H		0057	甲醇
				3A			H		0030,0646	甲酚(全部异构体)
246 (50ppm)	492 (100ppm)		250 (50ppm)					2B	0732	α-甲基苯乙烯
			98(20ppm)						0733	2-甲基苯乙烯
			98(20ppm)						0734	3-甲基苯乙烯
			98(20ppm)						0735	4-甲基苯乙烯
40 (10ppm)	80 (20ppm)	皮肤	82(20ppm)				H		0513	2-甲基吡咯烷酮
									0816	甲基丙基酮
									0652	甲基丙烯腈
			180 (50ppm)	C					0917	甲基丙烯酸

J

中文名称	英文名称	化学文摘号（CAS No.）	中国职业接触限值（Chinese OELs）				荷兰职业接触限值（Dutch OELs）		
			MAC /(mg/m^3)	PC-TWA /(mg/m^3)	PC-STEL /(mg/m^3)	备注	TWA-8h /(mg/m^3)	TWA-15min /(mg/m^3)	备注
甲基丙烯酸甲酯	METHYL METHACRYLATE	80-62-6		100		敏	205 (50ppm)	410 (100ppm)	
甲基丙烯酸缩水甘油酯	GLYCIDYL METHACRYLATE	106-91-2	5						
1-甲基丁基乙酸酯	1-METHYLBUTYL ACETATE	626-38-0						530 (100ppm)	
2-甲基丁基乙酸酯	2-METHYLBUTYL ACETATE	624-41-9						530 (100ppm)	
3-甲基丁基乙酸酯	3-METHYLBUTYL ACETATE	123-92-2						530 (98ppm)	
甲基对硫磷	METHYL PARATHION	298-00-0							
甲基环己醇	METHYLCYCLOHEXANOL	25639-42-3							
甲基环己烷	METHYLCYCLOHEXANE	108-87-2							
甲基环戊二烯基三羰基锰	METHYLCYCLOPENTADIENYL MANGANESE TRICARBONYL	12108-13-3							
甲基环戊烷	METHYLCYCLOPENTANE	96-37-7							
甲基肼	METHYLHYDRAZINE	60-34-4	0.08			皮			
1-甲基萘与2-甲基萘混合物	1-METHYLNAPHTHALENE and 2-METHYLNAPHTHALENE	90-12-0, 91-57-6							
S-甲基内吸磷	DEMETON-S-METHYL	919-86-8							
甲基内吸磷	METHYL DEMETON	8022-00-2		0.2		皮			
18-甲基炔诺酮（炔诺孕酮）	18-METHYL NORGESTREL	6533-00-2		0.5	2				
甲基叔丁基醚	METHYL tert-BUTYL ETHER	1634-04-4					180 (49ppm)	360 (98ppm)	
2-甲基戊烷	2-METHYL PENTANE	107-83-5							
3-甲基戊烷	3-METHYL PENTANE	96-14-0							
甲基乙炔与丙二烯混合物	METHYLACETYLENE-PROPADIENE mixture	56960-91-9							
甲基乙烯基醚	METHYL VINYL ETHER	107-25-5							
甲基乙烯基酮	METHYL VINYL KETONE	78-94-4							

欧盟职业接触限值（EU OELs）			德国职业接触限值（German MAK）					致癌物分类（IARC）	国际化学品安全卡编号（ICSC No.）	中文名称
8h /(mg/m³)	15min /(mg/m³)	备注	8h /(mg/m³)	致癌分类	妊娠风险分类	生殖细胞突变分类	备注			
(50ppm)	(100ppm)		210 (50ppm)		C		Sh	3	0300	甲基丙烯酸甲酯
									1679	甲基丙烯酸缩水甘油酯
270 (50ppm)	540 (100ppm)		270 (50ppm)		D				0219	1-甲基丁基乙酸酯
			270 (50ppm)		D					2-甲基丁基乙酸酯
270 (50ppm)	540 (100ppm)		270 (50ppm)		D				0356	3-甲基丁基乙酸酯
								3	0626	甲基对硫磷
									0292	甲基环己醇
			810 (200ppm)						0923	甲基环己烷
									1169	甲基环戊二烯基三羰基锰
			1800 (500ppm)							甲基环戊烷
							H,Sh		0180	甲基肼
									1275,1276	1-甲基萘与 2-甲基萘混合物
									0705	S-甲基内吸磷
			4.8 (0.5ppm)				H		0862	甲基内吸磷
										18-甲基炔诺酮（炔诺孕酮）
183.5 (50ppm)	367 (100ppm)		180 (50ppm)	3B	C			3	1164	甲基叔丁基醚
			1800 (500ppm)						1262	2-甲基戊烷
			1800 (500ppm)						1263	3-甲基戊烷
										甲基乙炔与丙二烯混合物
			480 (200ppm)							甲基乙烯基醚
							H		1495	甲基乙烯基酮

中文名称	英文名称	化学文摘号 (CAS No.)	中国职业接触限值 (Chinese OELs)				荷兰职业接触限值 (Dutch OELs)		
			MAC /(mg/m³)	PC-TWA /(mg/m³)	PC-STEL /(mg/m³)	备注	TWA-8h /(mg/m³)	TWA-15min /(mg/m³)	备注
甲基异丙酮	METHYL ISOPROPYL KETONE	563-80-4							
甲基异丁基甲醇	METHYL ISOBUTYL CARBINOL	108-11-2							
甲基异丁基酮	METHYL ISOBUTYL KETONE	108-10-1					104 (25ppm)	208 (50ppm)	
甲基异戊基(甲)酮	METHYL ISOAMYL KETONE	110-12-3					233 (49ppm)		
甲基正戊酮	METHYL n-AMYL KETONE	110-43-0					233 (49ppm)		
甲硫醇	METHYL MERCAPTAN	74-93-1		1					
甲硫醚	DIMETHYL SULFIDE	75-18-3							
甲嘧磺隆	SULFOMETURON METHYL	74222-97-2							
甲萘威	CARBARYL	63-25-2							
甲醛	FORMALDEHYDE	50-00-0	0.5			敏	0.15 (0.1ppm)	0.5 (0.4ppm)	
甲酸	FORMIC ACID	64-18-6		10	20			5 (2.6ppm)	
甲酸甲酯	METHYL FORMATE	107-31-3							
甲酸乙酯	ETHYL FORMATE	109-94-4							
甲缩醛	DIMETHOXYMETHANE	109-87-5							
甲烷	METHANE	74-82-8							
甲酰胺	FORMAMIDE	75-12-7							
2-甲氧基-1-丙醇	PROPYLENE GLYCOL 2-METHYL ETHER	1589-47-5							
2-甲氧基-1-丙醇乙酸酯	PROPYLENE GLYCOL 2-METHYL ETHER-1-ACETATE	70657-70-4							
1-甲氧基-2-丙醇	1-METHOXY-2-PROPANOL	107-98-2					375 (100ppm)	563 (150ppm)	H
4-甲氧基苯酚	4-METHOXYPHENOL	150-76-5							
甲氧基乙醇	2-METHOXYETHANOL	109-86-4		15		皮	0.5 (0.16ppm)		H
2-甲氧基乙基乙酸酯	2-METHOXYETHYL ACETATE	110-49-6		20		皮	0.8 (0.16ppm)		H
甲氧基乙酸	METHOXYACETIC ACID	625-45-6							

欧盟职业接触限值（EU OELs）			德国职业接触限值（German MAK）					致癌物分类（IARC）	国际化学品安全卡编号（ICSC No.）	中文名称
8h /(mg/m³)	15min /(mg/m³)	备注	8h /(mg/m³)	致癌分类	妊娠风险分类	生殖细胞突变分类	备注			
									0922	甲基异丙酮
			85(20ppm)						0665	甲基异丁基甲醇
83(20ppm)	208(50ppm)		83(20ppm)				H	2B	0511	甲基异丁基酮
95(20ppm)			47(10ppm)						0815	甲基异戊基(甲)酮
238(50ppm)	475(100ppm)	皮肤							0920	甲基正戊酮
			1(0.5ppm)				D		0299	甲硫醇
									0878	甲硫醚
										甲嘧磺隆
			5(可吸入颗粒物)				H	3	0121	甲萘威
			0.37(0.3ppm)	4	C	5	Sh	1	0275,0695	甲醛
9(5ppm)			9.5(5ppm)	C					0485	甲酸
125(50ppm)	250(100ppm)	皮肤	120(50ppm)				H		0664	甲酸甲酯
			310(100ppm)				H		0623	甲酸乙酯
			3200(1000ppm)						1152	甲缩醛
									0291	甲烷
							H		0891	甲酰胺
			19(5ppm)				H			2-甲氧基-1-丙醇
			27(5ppm)				H			2-甲氧基-1-丙醇乙酸酯
375(100ppm)	568(150ppm)	皮肤	370(100ppm)						0551	1-甲氧基-2-丙醇
									1097	4-甲氧基苯酚
(1ppm)		皮肤	3.2(1ppm)		B		H		0061	甲氧基乙醇
(1ppm)		皮肤	4.9(1ppm)		B		H		0476	2-甲氧基乙基乙酸酯
			3.7(1ppm)				H			甲氧基乙酸

J

中文名称	英文名称	化学文摘号 (CAS No.)	中国职业接触限值 (Chinese OELs)				荷兰职业接触限值 (Dutch OELs)		
			MAC /(mg/m³)	PC-TWA /(mg/m³)	PC-STEL /(mg/m³)	备注	TWA-8h /(mg/m³)	TWA-15min /(mg/m³)	备注
2-(2-甲氧基乙氧基)乙醇	2-(2-METHOXYETHOXY) ETHANOL	111-77-3					45(9ppm)		H
甲氧氯	METHOXYCHLOR	72-43-5		10					
间苯二胺	m-PHENYLENEDIA-MINE	108-45-2							
间苯二酚	RESORCINOL	108-46-3		20			10(2ppm)		
间苯二甲酸	m-PHTHALIC ACID	121-91-5							
间苯二腈	m-PHTHALODINI-TRILE	626-17-5							
间二甲苯-α,α'-二胺	m-XYLENE α,α'-DIAM-INE	1477-55-0							
间甲苯胺	m-TOLUIDINE	108-44-1							
焦炉逸散物(按苯溶物计)	COKE OVEN EMIS-SIONS, as Benzene soluble matter			0.1					
焦亚硫酸钠	SODIUM DISULFITE	7681-57-4							
芥子气	BIS(beta-CHLOROETH-YL) SULFIDE (mustard gas)	505-60-2							
肼	HYDRAZINE	302-01-2		0.06	0.13	皮			
久效磷	MONOCROTOPHOS	6923-22-4		0.1		皮			
酒石酸	TARTARIC ACID	133-37-9							
聚氯乙烯	POLYVINYL CHLORIDE	9002-86-2		5					
均三甲苯	MESITYLENE	108-67-8					100 (20ppm)	200 (40ppm)	
糠醇	FURFURYL ALCOHOL	98-00-0		40	60	皮			
糠醛	FURFURAL	98-01-1		5		皮			
考的松	CORTISONE	53-06-5		1					
可溶性铁盐	IRON salts, soluble	13746-66-2, 7758-94-3							
克百威	CARBOFURAN	1563-66-2							
克菌丹	CAPTAN	133-06-2							
克线磷	FENAMIPHOS	22224-92-6							
枯草杆菌蛋白酶(以100%结晶活性酶计)	SUBTILISINS as 100% crystalline active pure enzyme	1395-21-7, 9014-01-1		15ng/m³	30ng/m³				

欧盟职业接触限值（EU OELs）			德国职业接触限值（German MAK）					致癌物分类（IARC）	国际化学品安全卡编号（ICSC No.）	中文名称
8h /(mg/m³)	15min /(mg/m³)	备注	8h /(mg/m³)	致癌分类	妊娠风险分类	生殖细胞突变分类	备注			
50.1 (10ppm)		皮肤							0040	2-(2-甲氧基乙氧基)乙醇
			1(可吸入颗粒物)		B		H	3	1306	甲氧氯
							H,Sh	3	1302	间苯二胺
45 (10ppm)		皮肤					Sh	3	1033	间苯二酚
			5(可吸入颗粒物)						0500	间苯二甲酸
									1583	间苯二腈
221 (50ppm)	442 (100ppm)	皮肤							1462	间二甲苯-α,α'-二胺
									0342	间甲苯胺
								1		焦炉逸散物(按苯溶物计)
									1461	焦亚硫酸钠
			1				H	1	0418	芥子气
			2				H,Sh	2A	0281	肼
									0181	久效磷
			2(可吸入颗粒物)						0772	酒石酸
			0.3(可入肺颗粒物)					3	1487	聚氯乙烯
100 (20ppm)			100 (20ppm)						1155	均三甲苯
				3B			H	2B	0794	糠醇
				3B			H	3	0276	糠醛
										考的松
									1132,1715	可溶性铁盐
									0122	克百威
								3	0120	克菌丹
									0483	克线磷
							Sa			枯草杆菌蛋白酶(以100%结晶活性酶计)

J

中文名称	英文名称	化学文摘号 (CAS No.)	中国职业接触限值 (Chinese OELs)				荷兰职业接触限值 (Dutch OELs)		
			MAC /(mg/ m³)	PC-TWA /(mg/ m³)	PC-STEL /(mg/ m³)	备注	TWA-8h /(mg/m³)	TWA-15min /(mg/m³)	备注
枯烯	CUMENE	98-82-8							
苦味酸	PICRIC ACID	88-89-1		0.1			0.1		
矿物油(低度或中度炼制)	MINERAL OIL, poorly and mildly refined								
矿物油(高度精炼)	MIMERAL OIL，pure highly refined								
铑及其不溶化合物	RHODIUM，metal and in-soluble compounds	7440-16-6							
铑可溶化合物	RHODIUM, soluble com-pounds	13569-65-8							
乐果	ROGOR(Dimethoate)	60-51-5		1		皮			
联苯	BIPHENYL	92-52-4		1.5					
联苯胺	BENZIDINE	92-87-5							
邻氨基偶氮甲苯	o-AMINOAZOTOLU-ENE	97-56-3							
邻苯二胺	o-PHENYLENEDIA-MINE	95-54-5							
邻苯二酚	CATECHOL	120-80-9							
邻苯二甲酸丁苄酯	BENZYLBUTYL PHTHALATE	85-68-7							
邻苯二甲酸二丁酯	DIBUTYL PHTHALATE	84-74-2		2.5					
邻苯二甲酸二甲酯	DIMETHYL PHTHALATE	131-11-3							
邻苯二甲酸二腈	o-PHTHALODINI-TRILE	91-15-6							
邻苯二甲酸二辛酯	DI（2-ETHYLHEXYL）PHTHALATE(DEHP)	117-81-7							
邻苯二甲酸二乙酯	DIETHYL PHTHALATE	84-66-2							
邻苯二甲酸酐	PHTHALIC ANHYDRIDE	85-44-9	1			敏			
邻苯基苯酚钠	SODIUM o-PHENYL-PHENOL	132-27-4							
邻茴香胺	o-ANISIDINE	90-04-0		0.5		皮			
邻甲苯胺	o-TOLUIDINE	95-53-4							
邻甲基环己酮	o-METHYLCYCLO-HEXANONE	583-60-8							
邻氯苯乙烯	o-CHLOROSTYRENE	2039-87-4		250	400				

欧盟职业接触限值 （EU OELs）			德国职业接触限值 （German MAK）					致癌物分类 （IARC）	国际化学品安全卡编号 （ICSC No.）	中文名称
8h /(mg/m³)	15min /(mg/m³)	备注	8h /(mg/m³)	致癌分类	妊娠风险分类	生殖细胞突变分类	备注			
100 (20ppm)	250 (50ppm)	皮肤	50 (10ppm)				H	2B	0170	枯烯
				3B			H，Sh		0316	苦味酸
			5(可入肺 颗粒物)							矿物油(低度或中度炼制)
			5(可入肺 颗粒物)							矿物油(高度精炼)
									1247	铑及其不溶化合物
									0746	铑可溶化合物
									0741	乐果
				3B			H		0106	联苯
				1			H	1	0224	联苯胺
				2		3B	H，Sh			邻氨基偶氮甲苯
							Sh		1441	邻苯二胺
								2B	0411	邻苯二酚
			20(可吸入 颗粒物)		C				0834	邻苯二甲酸丁苄酯
			0.58 (0.05ppm)	3B	C				0036	邻苯二甲酸二丁酯
									0261	邻苯二甲酸二甲酯
									0670	邻苯二甲酸二腈
			2(可吸入 颗粒物)	4	C		H	2B	0271	邻苯二甲酸二辛酯
									0258	邻苯二甲酸二乙酯
							Sa		0315	邻苯二甲酸酐
			2(可吸入 颗粒物)					2B		邻苯基苯酚钠
				2			H	2B	0970	邻茴香胺
							H	1	0341	邻甲苯胺
										邻甲基环己酮
									1388	邻氯苯乙烯

K

中文名称	英文名称	化学文摘号 （CAS No.）	中国职业接触限值 （Chinese OELs）				荷兰职业接触限值 （Dutch OELs）		
			MAC /（mg/m³）	PC-TWA /（mg/m³）	PC-STEL /（mg/m³）	备注	TWA-8h /（mg/m³）	TWA-15min /（mg/m³）	备注
邻氯亚苄基丙二腈	o-CHLOROBENZYLI-DENE MALONONI-TRILE	2698-41-1	0.4			皮			
邻氯化二苯氧化物	o-CHLORINATED DIPHENYL OXIDE	31242-93-0							
邻仲丁基苯酚	o-sec-BUTYLPHENOL	89-72-5		30		皮			
林丹	LINDANE	58-89-9							
磷胺	PHOSPHAMIDON	13171-21-6		0.02		皮			
磷化氢	PHOSPHINE	7803-51-2	0.3				0.14 （0.1ppm）	0.28 （0.2ppm）	
磷酸	PHOSPHORIC ACID	7664-38-2		1	3				
磷酸二丁基苯酯	DIBUTYL PHENYL PHOSPHATE	2528-36-1		3.5		皮			
磷酸二丁酯	DIBUTYL PHOSPHATE	107-66-4							
磷酸邻三甲苯酯	TRIORTHOCRESYL PHOSPHATE	78-30-8							
磷酸三丁酯	TRIBUTYL PHOSPHATE	126-73-8							
4,4'-硫代双(6-叔丁基间甲酚)	4,4'-THIOBIS(6-tert-BUTYL-m-CRESOL)	96-69-5							
硫丹	ENDOSULFAN	115-29-7							
硫化镍(可吸入)	NICKEL SUBSULFIDE, inhalable, as Ni	12035-72-2							
硫化氢	HYDROGEN SULFIDE	7783-06-4	10				2.3 （1.6ppm）		
硫酸	SULFURIC ACID	7664-93-9		1	2		0.05		
硫酸钡(可入肺颗粒物,按Ba计)	BARIUM SULFATE, respirable, as Ba	7727-43-7		10					
硫酸钡(可吸入颗粒物,按Ba计)	BARIUM SULFATE, inhalable, as Ba	7727-43-7		10					
硫酸二甲酯	DIMETHYL SULFATE	77-78-1		0.5		皮			
硫酸钙(无水)	CALCIUM SULFATE, anhydrous	7778-18-9							
硫酸酸雾	SULFURIC ACID, mists	7664-93-9, 8014-95-7		1					
硫特普	SULFOTEP	3689-24-5					0.1		H
硫酰氟	SULFURYL FLUORIDE	2699-79-8		20	40				

L

欧盟职业接触限值（EU OELs）			德国职业接触限值（German MAK）					致癌物分类（IARC）	国际化学品安全卡编号（ICSC No.）	中文名称
8h /(mg/m³)	15min /(mg/m³)	备注	8h /(mg/m³)	致癌分类	妊娠风险分类	生殖细胞突变分类	备注			
									1065	邻氯亚苄基丙二腈
							H			邻氯化二苯氧化物
									1472	邻仲丁基苯酚
			0.1(可吸入颗粒物)				H	1	0053	林丹
									0189	磷胺
0.14 (0.1ppm)	0.28 (0.2ppm)		0.14 (0.1ppm)		C				0694	磷化氢
1	2		2(可吸入颗粒物)		C				1008	磷酸
										磷酸二丁基苯酯
				3A					1278	磷酸二丁酯
									0961	磷酸邻三甲苯酯
			11(1ppm)				H		0584	磷酸三丁酯
										4,4′-硫代双(6-叔丁基间甲酚)
									0742	硫丹
				1			Sah		0928	硫化镍(可吸入)
7 (5ppm)	14 (10ppm)		7.1(5ppm)		C				0165	硫化氢
0.05 (硫酸烟气)			0.1(可吸入颗粒物)	4	C			1	0362	硫酸
			0.3(可入肺颗粒物)	4	C				0827	硫酸钡(可入肺颗粒物,按Ba计)
			4(可吸入颗粒物)		C				0827	硫酸钡(可吸入颗粒物,按Ba计)
				2			H	2A	0148	硫酸二甲酯
			4(可吸入颗粒物);1.5(可入肺颗粒物)						1589	硫酸钙(无水)
								1	0362	硫酸酸雾
0.1		皮肤	0.13 (0.01ppm)				H		0985	硫特普
2.5									1402	硫酰氟

L

中文名称	英文名称	化学文摘号 (CAS No.)	中国职业接触限值 (Chinese OELs)				荷兰职业接触限值 (Dutch OELs)		
			MAC /(mg/ m³)	PC-TWA /(mg/ m³)	PC-STEL /(mg/ m³)	备注	TWA-8h /(mg/m³)	TWA-15min /(mg/m³)	备注
硫线磷	CADUSAFOS	95465-99-9							
六氟丙酮	HEXAFLUOROACE-TONE	684-16-2		0.5		皮			
六氟丙烯	HEXAFLUOROPROP-YLENE	116-15-4		4					
六氟化碲	TELLURIUM HEXAFLUORIDE	7783-80-4							
六氟化硫	SULFUR HEXAFLUO-RIDE	2551-62-4		6000					
六氟化硒	SELENIUM HEXAFLU-ORIDE	7783-79-1					0.2		
六氟化铀,二氧化铀	URANIUM, soluble and insoluble compounds	7783-81-5, 1344-57-6							
六甲基磷酰三胺	HEXAMETHYL PHOS-PHORAMIDE	680-31-9							
六六六	HEXACHLOROCYCLO-HEXANE	608-73-1		0.3	0.5				
α-六六六	α-HEXACHLOROCY-CLOHEXANE	319-84-6							
β-六六六	β-HEXACHLOROCY-CLOHEXANE	319-85-7							
γ-六六六	γ-HEXACHLOROCY-CLOHEXANE	58-89-9		0.05	0.1	皮			
六六六(α-六六六和 β-六六六的工业级 混合物)	1,2,3,4,5,6-HEXA-CHLOROCYCLOHEX-ANE,technical mixture of α-and β-isomer								
六氯苯	HEXACHLORO-BENZENE	118-74-1					0.006		H
六氯丁二烯	HEXACHLOROBUTA-DIENE	87-68-3		0.2		皮			
六氯环戊二烯	HEXACHLOROCYCLO-PENTADIENE	77-47-4		0.1					
六氯萘	HEXACHLORONAPH-THALENE	1335-87-1		0.2		皮			
六氯乙烷	HEXACHLOROETH-ANE	67-72-1		10		皮			
六氢邻苯二甲酸酐 (所有异构体)	HEXAHYDROPH-THALIC ANHYDRIDE, all isomers	85-42-7, 13149-00-3, 14166-21-3							
铝粉(不溶化合物)	ALUMNIUM, insoluble compounds	1344-28-1, 1302-42-7, 7784-30-7, 15096-52-3							

L

欧盟职业接触限值 （EU OELs）			德国职业接触限值 （German MAK）					致癌物 分类 （IARC）	国际化学 品安全 卡编号 （ICSC No.）	中文名称
8h /(mg/m³)	15min /(mg/m³)	备注	8h /(mg/m³)	致癌 分类	妊娠 风险 分类	生殖细 胞突变 分类	备注			
										硫线磷
									1057	六氟丙酮
										六氟丙烯
										六氟化碲
2.5			6100 (1000ppm)		D				0571	六氟化硫
2.5								3	0947	六氟化硒
							H		1250,1251	六氟化铀,二氧化铀
							H	2B	0162	六甲基磷酰三胺
									0487	六六六
			0.5(可吸入 颗粒物)	4	D		H		0795	α-六六六
			0.1(可吸入 颗粒物)	4	D		H		0796	β-六六六
			0.1(可吸入 颗粒物)				H	1	0053	γ-六六六
			0.1(可吸入 颗粒物)				H			六六六(α-六六六和 β-六六六的工业级 混合物)
							H	2B	0895	六氯苯
			0.22 (0.02ppm)	4	C		H	3	0896	六氯丁二烯
							H		1096	六氯环戊二烯
									0997	六氯萘
			9.8 (1ppm)					2B	0051	六氯乙烷
									1643	六氢邻苯二甲酸酐 (所有异构体)
				D					0351,0566, 1538,1565	铝粉(不溶化合物)

中文名称	英文名称	化学文摘号 (CAS No.)	中国职业接触限值 (Chinese OELs)				荷兰职业接触限值 (Dutch OELs)		
			MAC /(mg/ m³)	PC-TWA /(mg/ m³)	PC-STEL /(mg/ m³)	备注	TWA-8h /(mg/m³)	TWA-15min /(mg/m³)	备注
铝粉(金属)	ALUMINIUM,metal	7429-90-5		3					
铝制品	ALUMINIUM PRODUCTION								
氯	CHLORINE	7782-50-5	1					1.5 (0.5ppm)	
3-氯-1,2-丙二醇	3-CHLORO-1,2-PROPANEDIOL (α-CHLOROHYDRIN)	96-24-2							
2-氯-1-丙醇	2-CHLORO-1-PROPANOL	78-89-7							
1-氯-1-硝基丙烷	1-CHLORO-1-NITROPROPANE	600-25-9							
1-氯-2-丙醇	1-CHLORO-2-PROPANOL	127-00-4							
氯苯	CHLOROBENZENE	108-90-7		50			23 (5ppm)	70 (15ppm)	
2-氯丙酸	2-CHLOROPROPIONIC ACID	598-78-7							
氯丙酮	CHLOROACETONE	78-95-5	4			皮			
氯丹(原药)	CHLORDANE, technical product	57-74-9							
β-氯丁二烯	β-CHLOROPRENE	126-99-8		4		皮			
氯化 3-氯烯丙基六亚甲基四胺	METHENAMINE 3-CHLOROALLYLCHLORIDE	4080-31-3							
氯化铵烟	AMMONIUM CHLORIDE,fume	12125-02-9		10	20				
氯化二苯	CHLORINATED DIPHENYLS	53469-21-9							
氯化汞	MERCURIC CHLORIDE	7487-94-7		0.025					
氯化苦	CHLOROPICRIN	76-06-2	1						
氯化氢,盐酸	HYDROGEN CHLORIDE, CHLORHYDRIC ACID	7647-01-0	7.5				8 (5ppm)	15 (10ppm)	
氯化氰	CYANOGEN CHLORIDE	506-77-4	0.75						
氯化锌烟	ZINC CHLORIDE,fume	7646-85-7		1	2				
氯化亚砜	THIONYL CHLORIDE	7719-09-7							
2-氯甲苯	2-CHLOROTOLUENE	95-49-8							
氯甲甲醚	CHLOROMETHYL METHYL ETHER	107-30-2	0.005						

L

欧盟职业接触限值 （EU OELs）			德国职业接触限值 （German MAK）					致癌物 分类 （IARC）	国际化学 品安全 卡编号 （ICSC No.）	中文名称
8h /(mg/m³)	15min /(mg/m³)	备注	8h /(mg/m³)	致癌 分类	妊娠 风险 分类	生殖细 胞突变 分类	备注			
				D					0988	铝粉（金属）
				D						铝制品
	1.5 (0.5ppm)		1.5 (0.5ppm)	C					0126	氯
			0.023 (0.005ppm)	3B	D		H	2B	1664	3-氯-1,2-丙二醇
										2-氯-1-丙醇
									1423	1-氯-1-硝基丙烷
										1-氯-2-丙醇
23 (5ppm)	70 (15ppm)		23 (5ppm)	C					0642	氯苯
									0644	2-氯丙酸
									0760	氯丙酮
			0.5（可吸入 颗粒物）	3B			H	2B	0740	氯丹（原药）
			2				H	2B	0133	β-氯丁二烯
			2（可吸入 颗粒物）				Sh			氯化 3-氯烯丙基六 亚甲基四胺
									1051	氯化铵烟
			0.003	4	B	5	H			氯化二苯
									0979	氯化汞
			0.68 (0.1ppm)						0750	氯化苦
8 (5ppm)	15 (10ppm)		3(2ppm)	C				3	0163	氯化氢·盐酸
									1053	氯化氰
			0.1（可入 肺颗粒物）	C					1064	氯化锌烟
									1409	氯化亚砜
									1458	2-氯甲苯
								1	0238	氯甲甲醚

L

中文名称	英文名称	化学文摘号 (CAS No.)	中国职业接触限值 (Chinese OELs)				荷兰职业接触限值 (Dutch OELs)		
			MAC /(mg/m³)	PC-TWA /(mg/m³)	PC-STEL /(mg/m³)	备注	TWA-8h /(mg/m³)	TWA-15min /(mg/m³)	备注
氯甲酸丁酯	CHLOROFORMIC ACID BUTYLESTER	592-34-7, 543-27-1							
氯甲酸甲酯	CHLOROFORMIC ACID METHYLESTER	79-22-1							
氯甲烷	METHYL CHLORIDE	74-87-3		60	120	皮			
氯联苯(42%氯)	CHLORODIPHENYL, 42% chlorine	53469-21-9							
氯联苯(54%氯)	CHLORODIPHENYL, 54% chlorine	11097-69-1		0.5		皮			
氯萘	CHLORONAPHTHALENE	90-13-1		0.5		皮			
氯羟吡啶	CLOPIDOL	2971-90-6							
氯溴甲烷	CHLOROBROMOMETHANE	74-97-5							
氯乙醇	ETHYLENE CHLOROHYDRIN	107-07-3	2			皮			
氯乙醛	CHLOROACETALDEHYDE	107-20-0	3						
氯乙酸	CHLOROACETIC ACID	79-11-8	2			皮			
氯乙酸甲酯	CHLOROACETIC ACID METHYLESTER	96-34-4							
氯乙烷	ETHYL CHLORIDE	75-00-3					268 (100ppm)		
氯乙烯	VINYL CHLORIDE	75-01-4		10			7.77 (3ppm)		
α-氯乙酰苯	α-CHLOROACETOPHENONE	532-27-4		0.3					
氯乙酰氯	CHLOROACETYL CHLORIDE	79-04-9		0.2	0.6	皮			
马拉硫磷	MALATHION	121-75-5		2		皮			
马来酸酐	MALEIC ANHYDRIDE	108-31-6		1	2	敏			
马钱子碱	STRYCHNINE	57-24-9							
吗啉	MORPHOLINE	110-91-8		60		皮	36 (10ppm)	72 (20ppm)	H
煤焦油沥青挥发物(按苯溶物计)	COAL TAR PITCH, volatiles as Benzene soluble matters	65996-93-2		0.2					
煤油(喷气燃料,以总烃蒸气计)	KEROSENE, JET FUELS as total hydrocarbon vapour	8008-20-6, 64742-81-0							

欧盟职业接触限值 （EU OELs）			德国职业接触限值 （German MAK）					致癌物分类 （IARC）	国际化学品安全卡编号 （ICSC No.）	中文名称
8h /(mg/m³)	15min /(mg/m³)	备注	8h /(mg/m³)	致癌分类	妊娠风险分类	生殖细胞突变分类	备注			
			1.1 (0.2ppm)	C					1593,1594	氯甲酸丁酯
			0.78 (0.2ppm)	C					1110	氯甲酸甲酯
			100(50ppm)	3B	B		H	3	0419	氯甲烷
			0.003(可吸入颗粒物)				H			氯联苯(42%氯)
									0939	氯联苯(54%氯)
									1707	氯萘
										氯羟吡啶
				3B			H		0392	氯溴甲烷
			3.3(1ppm)	C			H		0236	氯乙醇
				3B			H		0706	氯乙醛
									0235	氯乙酸
			4.5(1ppm)	C			H,Sh		1410	氯乙酸甲酯
268 (100ppm)								3	0132	氯乙烷
7.77 (3ppm) Binding				1				1	0082	氯乙烯
									0128	α-氯乙酰苯
			Iib						0845	氯乙酰氯
			15(可吸入颗粒物)		D			2A	0172	马拉硫磷
			0.081 (0.02ppm)	C			Sah		0799	马来酸酐
									0197	马钱子碱
36 (10ppm)	72 (20ppm)		36(10ppm)		D			3	0302	吗啉
								1	1415	煤焦油沥青挥发物(按苯溶物计)
									0663	煤油(喷气燃料,以总烃蒸气计)

中文名称	英文名称	化学文摘号（CAS No.）	中国职业接触限值（Chinese OELs）				荷兰职业接触限值（Dutch OELs）		
			MAC /(mg/m³)	PC-TWA /(mg/m³)	PC-STEL /(mg/m³)	备注	TWA-8h /(mg/m³)	TWA-15min /(mg/m³)	备注
锰（可入肺，按 MnO₂ 计）	MANGANESE respirable, as MnO₂	7439-96-5		0.15					
锰（可吸入，按 MnO₂ 计）	MANGANESE, inhalable, as MnO₂	7439-96-5		0.15					
锰无机化合物（可入肺，按 MnO₂ 计）	MANGANESE, inorganic compounds, respirable, as MnO₂	1313-13-9，1317-35-7		0.15					
锰无机化合物（可吸入，按 MnO₂ 计）	MANGANESE, inorganic compounds, inhalable, as MnO₂	1313-13-9，1317-35-7		0.15					
棉尘（未经处理的）	COTTON Dusts, raw, untreated								
面粉粉尘	FLOUR, dust								
灭多威	METHOMYL	16752-77-5							
灭菌丹	FOLPET	133-07-3							
木屑（红雪松除外）	WOOD DUST, except red cedar						2		
木屑（桦树、红木、柚木、胡桃木）	WOOD DUST, birch, mahogany, teak, walnut								
木屑（所有其他）	WOOD DUST, all other								
木屑（橡树和山毛榉）	WOOD DUST, oak and beech								
钼金属及其不溶化合物（可吸入，按 Mo 计）	MOLYBDENUM metal and insoluble compounds, inhalable, as Mo	7789-82-4，7439-98-7		6					
钼金属及其不溶性化合物（可入肺，按 Mo 计）	MOLYBDENUM, metal and insoluble compounds, respirable, as Mo	7789-82-4，7439-98-7		6					
钼可溶化合物（按 Mo 计）	MOLYBDENUM, soluble compounds, as Mo			4					
氖	NEON	7440-01-9							
萘	NAPHTHALENE	91-20-3		50	75	皮	50(10ppm)	80(20ppm)	
2-萘胺	2-NAPHTHYLAMINE	91-59-8							
2-萘酚	2-NAPHTOL	2814-77-9		0.25	0.5				
萘烷	DECALIN；Decahydronaphthalene	91-17-8		60					
内吸磷	DEMETON	8065-48-3		0.05		皮			
尼古丁	NICOTINE	54-11-5					0.5		H
尿素	UREA	57-13-6		5	10				

欧盟职业接触限值（EU OELs）			德国职业接触限值（German MAK）					致癌物分类（IARC）	国际化学品安全卡编号（ICSC No.）	中文名称
8h/(mg/m³)	15min/(mg/m³)	备注	8h/(mg/m³)	致癌分类	妊娠风险分类	生殖细胞突变分类	备注			
0.05			0.02		C				0174	锰(可入肺,按MnO₂计)
0.2			0.2		C				0174	锰(可吸入,按MnO₂计)
0.05					C				0175,1398	锰无机化合物(可入肺,按MnO₂计)
0.2					C				0175,1398	锰无机化合物(可吸入,按MnO₂计)
			1.5(可吸入颗粒物)							棉尘(未经处理的)
			0.3(可入肺颗粒物)							面粉粉尘
									0177	灭多威
									0156	灭菌丹
								1		木屑(红雪松除外)
								1		木屑(桦树、红木、柚木、胡桃木)
5(硬木)								1		木屑(所有其他)
								1		木屑(橡树和山毛榉)
									0992,1003	钼金属及其不溶化合物(可吸入,按Mo计)
									0992,1003	钼金属及其不溶性化合物(可入肺,按Mo计)
										钼可溶化合物(按Mo计)
									0627	氚
			2		3B		H	2B	0667	萘
							H	1	0610	2-萘胺
										2-萘酚
			29(5ppm)	D					1548	萘烷
							H		0861	内吸磷
0.5		皮肤					H		0519	尼古丁
									0595	尿素

中文名称	英文名称	化学文摘号 (CAS No.)	中国职业接触限值 (Chinese OELs)				荷兰职业接触限值 (Dutch OELs)		
			MAC /(mg/ m³)	PC-TWA /(mg/ m³)	PC-STEL /(mg/ m³)	备注	TWA-8h /(mg/m³)	TWA-15min /(mg/m³)	备注
镍不溶性无机化合物（按 Ni 计）	NICKEL, insoluble inorganic compounds, as Ni	1313-99-1, 3333-67-3		1					
镍金属	NICKEL, metal	7440-02-0		1					
镍可溶性化合物（按 Ni 计）	NICKEL, soluble inorganic compounds, as Ni	7786-81-4		0.5					
柠檬醛	CITRAL	5392-40-5							
柠檬酸	CITRIC ACID	77-92-9							
偶氮二甲酰胺	AZODICARBONAMIDE	123-77-3							
哌嗪及其盐	PIPERAZINE, and salts	110-85-0					0.1	0.3	
硼酸	BORIC ACID	10043-35-3							
硼无机化合物	BORATE compounds, inorganic	1303-96-4, 16872-11-0, 10486-00-7, 1330-43-4, 16940-66-2							
皮蝇磷	RONNEL	299-84-3							
铍	BERYLLIUM, as Be	7440-41-7		0.0005	0.001				
铍不溶化合物（按 Be 计）	BERYLLIUM insoluble compounds, as Be	1304-56-9, 66104-24-3		0.0005	0.001				
铍可溶化合物（按 Be 计）	BERYLLIUM soluble compounds, as Be	13510-49-1, 13597-99-4, 7787-47-5, 7787-49-7		0.0005	0.001				
偏苯三酸酐	TRIMELLITIC ANHYDRIDE	552-30-7							
七氯	HEPTACHLOR	76-44-8							
汽油	GASOLINE	86290-81-5					240 (50ppm)	480 (100ppm)	
铅	LEAD	7439-92-1		0.05 （铅尘）； 0.03 （铅烟）			0.15		
铅无机化合物（按 Pb 计）	LEAD compounds, inorganic, as Pb	1317-36-8, 7784-40-9, 598-63-0, 10099-74-8, 1309-60-0, 1314-41-6, 10031-13-7		0.05 （铅尘）； 0.03 （铅烟）			0.15		

N

欧盟职业接触限值 （EU OELs）			德国职业接触限值 （German MAK）					致癌物 分类 （IARC）	国际化学 品安全 卡编号 （ICSC No.）	中文名称
8h /(mg/m³)	15min /(mg/m³)	备注	8h /(mg/m³)	致癌 分类	妊娠 风险 分类	生殖细 胞突变 分类	备注			
			1					1	0926,0927	镍不溶性无机化合物（按 Ni 计）
			1				Sah	2B	0062	镍金属
			1				Sah	1	0063	镍可溶性化合物（按 Ni 计）
									1725	柠檬醛
			2（可吸入 颗粒物）		C				0855	柠檬酸
			0.02（可吸入 颗粒物）		D				0380	偶氮二甲酰胺
0.1	0.3						Sah		1032	哌嗪及其盐
			10（可吸入 颗粒物）						0991	硼酸
									0567,1040, 1046,1229, 1670	硼无机化合物
									0975	皮蝇磷
			1				Sah	1	0226	铍
			1				Sah	1	1325,1353	铍不溶化合物（按 Be 计）
			1				Sah	1	1351,1352, 1354,1355	铍可溶化合物（按 Be 计）
			fumes:0.04 （可入肺 颗粒物）				Sa		0345	偏苯三酸酐
			0.05（可吸 入颗粒物）				H	2B	0743	七氯
								2B	1400	汽油
0.15 （强制）								2B	0052	铅
0.15 （强制）								2A	0288,0911, 0999,1000, 1001,1002, 1212	铅无机化合物（按 Pb 计）

N

中文名称	英文名称	化学文摘号 (CAS No.)	中国职业接触限值 (Chinese OELs)				荷兰职业接触限值 (Dutch OELs)		
			MAC /(mg/m³)	PC-TWA /(mg/m³)	PC-STEL /(mg/m³)	备注	TWA-8h /(mg/m³)	TWA-15min /(mg/m³)	备注
铅有机化合物	LEAD compounds, organic	78-00-2, 75-74-1, 61790-14-5, 301-04-2, 19010-66-3							
嗪草酮	METRIBUZIN	21087-64-9					0.00012		
青石棉	ASBESTOS crocidolite	12001-28-4					10000f/m³		
氢	HYDROGEN	1333-74-0							
氢化锂	LITHIUM HYDRIDE	7580-67-8		0.025	0.05		0.025		
氢化羰基钴	COBALT HYDROCARBONYL	16842-03-8					0.1		
氢醌	HYDROQUINONE	123-31-9		1	2				
氢氧化钙	CALCIUM HYDROXIDE	1305-62-0					5		
氢氧化钾	POTASSIUM HYDROXIDE	1310-58-3	2						
氢氧化钠	SODIUM HYDROXIDE	1310-73-2	2						
氢氧化铯	CESIUM HYDROXIDE	21351-79-1		2					
氰	CYANOGEN	460-19-5	1			皮			
氰氨化钙	CALCIUM CYANAMIDE	156-62-7		1	3				
氰化钾	POTASSIUM CYANIDE	151-50-8	1				2.4	24	H
氰化钠(按 CN 计)	SODIUM CYANIDE, as CN	143-33-9	1			皮	1.8	18	C,H
氰化氢(按 CN 计)	HYDROGEN CYANIDE, as CN	74-90-8	1			皮	1 (0.9mm)	10 (9ppm)	H
氰化物盐	CYANIDE salts	592-01-8, 151-50-8	1			皮	2.4	24	H
2-氰基丙烯酸甲酯	METHYL 2-CYANOACRYLATE	137-05-3							
2-氰基丙烯酸乙酯	ETHYL CYANOACRYLATE	7085-85-0							
氰戊菊酯	FENVALERATE	51630-58-1		0.05		皮			
2-巯基苯并噻唑	2-MERCAPTO-BENZOTHIAZOLE	149-30-4							
巯基乙酸	MERCAPTOACETIC ACID, Thioglycolic acid	68-11-1							

欧盟职业接触限值（EU OELs）			德国职业接触限值（German MAK）					致癌物分类（IARC）	国际化学品安全卡编号（ICSC No.）	中文名称
8h /(mg/m³)	15min /(mg/m³)	备注	8h /(mg/m³)	致癌分类	妊娠风险分类	生殖细胞突变分类	备注			
								3	0008,0200,0304,0910,1545	铅有机化合物
									0516	嗪草酮
0.1f/ml（强制）								1	1314	青石棉
									0001	氢
	0.02（可吸入部分）								0813	氢化锂
				2		3A	H,Sah			氢化羰基钴
							H,Sh	3	0166	氢醌
1	4		1（可吸入颗粒物）		C				0408	氢氧化钙
									0357	氢氧化钾
									0360	氢氧化钠
									1592	氢氧化铯
			11（5ppm）		D		H		1390	氰
			1（可吸入颗粒物）		C		H		1639	氰氨化钙
1	5	皮肤	5（可吸入颗粒物）		C		H		0671	氰化钾
1	5	皮肤	3.8（可吸入颗粒物）		C		H		1118	氰化钠（按CN计）
1（0.9ppm）	5（4.5ppm）	皮肤	2.1（1.9ppm）		C		H		0492	氰化物（按CN计）
			2（可吸入颗粒物）		C		H		0407,0671	氰化物盐
			9.2（2ppm）						1272	2-氰基丙烯酸甲酯
									1358	2-氰基丙烯酸乙酯
								3	0273	氰戊菊酯
			4（可吸入颗粒物）				Sh	2A	1183	2-巯基苯并噻唑
			2（可吸入颗粒物）				H,Sh		0915	巯基乙酸

Q

中文名称	英文名称	化学文摘号 (CAS No.)	中国职业接触限值 (Chinese OELs)				荷兰职业接触限值 (Dutch OELs)		
			MAC /(mg/m³)	PC-TWA /(mg/m³)	PC-STEL /(mg/m³)	备注	TWA-8h /(mg/m³)	TWA-15min /(mg/m³)	备注
䓛	CHRYSENE	218-01-9							
全氟-1-丁基乙烯	PERFLUOROBUTYL ETHYLENE	19430-93-4							
全氟辛酸铵	AMMONIUM PERFLU-OROOCTANOATE	3825-26-1							
全氟辛酸铵及其无机盐	PERFLUOROOCTANO-IC ACID(PFOA), and its inorganic salts	335-67-1							
全氟辛烷磺酸及其盐	PERFLUOROOCTANE-SULFONIC ACID(PFOS) and its salts	1763-23-1							
全氟异丁烯	PERFLUOROISOBUTY-LENE	382-21-8	0.08				0.082 (0.01ppm)		C
全氯甲硫醇	PERCHLOROMETHYL MERCAPTAN	594-42-3							
炔丙醇	PROPARGYL ALCOHOL	107-19-7							
壬烷	NONANE	111-84-2		500					
溶剂汽油	SOLVENT GASOLINES			300					
乳酸正丁酯	*n*-BUTYL LACTATE	138-22-7		25					
噻苯咪唑	THIABENDAZOLE	148-79-8							
赛松钠	SESONE	136-78-7							
三苯基磷酸酯	TRIPHENYL PHOS-PHATE	115-86-6							
三苯膦	TRIPHENYL PHOSPHINE	603-35-0							
三次甲基三硝基胺(黑索今)	CYCLONITE(RDX)	121-82-4		1.5		皮			
1,2,2-三氟-1,1,2-三氯乙烷	1,1,2-TRICHLORO-1,2,2-TRIFLUORO-ETHANE	76-13-1							
三氟化氮	NITROGEN TRIFLUO-RIDE	7783-54-2							
三氟化氯	CHLORINE TRIFLUO-RIDE	7790-91-2	0.4						
三氟化硼	BORON TRIFLUORIDE	7637-07-2	3						
三氟甲基次氟酸酯	TRIFLUOROMETHYL HYPOFLUORITE		0.2						
三氟氯甲烷(FC-13)	CHLOROTRIFLU-OROMETHANE(FC-13)	75-72-9							

欧盟职业接触限值 （EU OELs）			德国职业接触限值 （German MAK）					致癌物 分类 （IARC）	国际化 学品安 全卡 编号 （ICSC No.）	中文名称
8h /(mg/m³)	15min /(mg/m³)	备注	8h /(mg/m³)	致癌 分类	妊娠 风险 分类	生殖细 胞突变 分类	备注			
							H	2B	1672	䓛
									1697	全氟-1-丁基乙烯
										全氟辛酸铵
			0.005 （可吸入 颗粒物）				H	2B	1613	全氟辛酸铵及其无 机盐
			0.01 （可吸入 颗粒物）				H			全氟辛烷磺酸及其 盐
									1216	全氟异丁烯
									0311	全氯甲硫醇
			4.7(2ppm)				H		0673	炔丙醇
									1245	壬烷
										溶剂汽油
										乳酸正丁酯
			20（可吸入 颗粒物）							噻苯咪唑
									1142	赛松钠
									1062	三苯基磷酸酯
			5（可吸入 颗粒物）				Sh		0700	三苯膦
									1641	三次甲基三硝基胺 （黑索今）
			3900 （500ppm）						0050	1,2,2-三氟-1,1,2- 三氯乙烷
2.5mg/m³									1234	三氟化氮
2.5mg/m³			Iib						0656	三氟化氯
2.5mg/m³									0231	三氟化硼
										三氟甲基次氟酸酯
			4300 （1000ppm）		D				0420	三氟氯甲烷（FC-13）

Q

中文名称	英文名称	化学文摘号 (CAS No.)	中国职业接触限值 (Chinese OELs)				荷兰职业接触限值 (Dutch OELs)		
			MAC /(mg/m³)	PC-TWA /(mg/m³)	PC-STEL /(mg/m³)	备注	TWA-8h /(mg/m³)	TWA-15min /(mg/m³)	备注
三氟一溴甲烷	TRIFLUOROBRO-MOMETHANE	75-63-8							
三甘醇	TRIETHYLENE GLYCOL	112-27-6							
三甘醇单甲醚	TRIETHYLENE GLYCOL MONOMETHYL ETHER	112-35-6							
三环锡	CYHEXATIN	13121-70-5							
三甲胺	TRIMETHYLAMINE	75-50-3							
三甲苯磷酸酯	TRICRESYL PHOS-PHATE	1330-78-5		0.3		皮			
1,2,3-三甲基苯	1,2,3-TRIMETHYL-BENZENE	526-73-8					100 (20ppm)	200 (40ppm)	
1,2,4-三甲基苯	1,2,4-TRIMETHYL-BENZENE	95-63-6					100 (20ppm)	200 (40ppm)	
三甲基苯(混合异构体)	TRIMETHYLBENZENE, mixed isomers	25551-13-7					100 (20ppm)	200 (40ppm)	
三甲基戊烷(全部异构体)	TRIMETHYLPENTANE, all isomers	540-84-1							
三价铬化合物	CHROMIUM, Cr Ⅲ com-pounds	12336-95-7, 10025-73-7, 1308-14-1, 7789-02-8, 1308-38-9, 10060-12-5							
三联苯(邻、间、对三联苯异构体)	TERPHENYLS (o-, m- and p-isomers)	26140-60-3, 84-15-1							
1,2,3-三氯苯	1,2,3-TRICHLORO-BENZENE	87-61-6							
1,2,4-三氯苯	1,2,4-TRICHLORO-BENZENE	120-82-1					7.55 (1ppm)	37.8 (5ppm)	H
1,3,5-三氯苯	1,3,5-TRICHLORO-BENZENE	108-70-3							
2,4,5-三氯苯氧乙酸	2,4,5-T	93-76-5							
1,2,3-三氯丙烷	1,2,3-TRICHLORO-PROPANE	96-18-4		60		皮	0.00108 (0.00017ppm)		H
三氯乙酸钠	SODIUM TRICHLORO-ACETATE	650-51-1							
三氯氟甲烷	TRICHLOROFLU-OROMETHANE	75-69-4							
三氯化磷	PHOSPHORUS TRICHLORIDE	7719-12-2		1	2				

S

欧盟职业接触限值 （EU OELs）			德国职业接触限值 （German MAK）					致癌物 分类 （IARC）	国际化学 品安全 卡编号 （ICSC No.）	中文名称
8h /（mg/m³）	15min /（mg/m³）	备注	8h /（mg/m³）	致癌 分类	妊娠 风险 分类	生殖细 胞突变 分类	备注			
			6200 （1000ppm）						0837	三氟一溴甲烷
			1000（可吸入 颗粒物）						1160	三甘醇
			50（可吸入 颗粒物）						1291	三甘醇单甲醚
										三环锡
			4.9（2ppm）						0206,1484	三甲胺
										三甲苯磷酸酯
100 （20ppm）			100 （20ppm）						1362	1,2,3-三甲基苯
100 （20ppm）			100 （20ppm）						1433	1,2,4-三甲基苯
			100 （20ppm）						1389	三甲基苯（混合异构 体）
			470 （100ppm）						0496	三甲基戊烷（全部异 构体）
2 （不溶）							Sh	3	1309,1316, 1455,1530, 1531,1532	三价铬化合物
									1525	三联苯（邻、间、对三 联苯异构体）
			38（5ppm）				H		1222	1,2,3-三氯苯
15 （2ppm）	37.8 （5ppm）	皮肤					H		1049	1,2,4-三氯苯
			38（5ppm）				H		0344	1,3,5-三氯苯
			2（可吸入 颗粒物）				H		0075	2,4,5-三氯苯氧乙 酸
				2			H	2A	0683	1,2,3-三氯丙烷
			2（可吸入 颗粒物）				H		1139	三氯乙酸钠
			5700 （1000ppm）						0047	三氯氟甲烷
			0.57 （0.1ppm）						0696	三氯化磷

S

中文名称	英文名称	化学文摘号 (CAS No.)	中国职业接触限值 (Chinese OELs)				荷兰职业接触限值 (Dutch OELs)		
			MAC /(mg/ m³)	PC-TWA /(mg/ m³)	PC-STEL /(mg/ m³)	备注	TWA-8h /(mg/m³)	TWA-15min /(mg/m³)	备注
三氯化硼	BORON TRICHLORIDE	10294-34-5							
三氯甲苯	BENZOTRICHLORIDE	98-07-7							
三氯甲基吡啶	NITRAPYRIN	1929-82-4							
三氯甲烷	TRICHLOROMETH-ANE,Chloroform	67-66-3		20			5(1ppm)	25(5ppm)	
三氯硫磷	PHOSPHORUS THIO-CHLORIDE	3982-91-0	0.5						
三氯萘	TRICHLORONAPH-THALENE	1321-65-9							
三氯氢硅	TRICHLOROSILANE	10025-78-2	3						
三氯氧磷	PHOSPHORUS OXY-CHLORIDE	10025-87-3		0.3	0.6				
三氯乙醛	TRICHLOROACETAL-DEHYDE	75-87-6	3						
三氯乙酸	TRICHLOROACETIC ACID	76-03-9							
三氯乙烷	METHYL CHLOROFORM	71-55-6		900			555 (100ppm)	1110 (200ppm)	
1,1,2-三氯乙烷	1,1,2-TRICHLORO-ETHANE	79-00-5							
三氯乙烯	TRICHLOROETHYL-ENE	79-01-6		30					
2,4,6-三硝基甲苯	2,4,6-TRINITROTOL-UENE	118-96-7		0.2	0.5	皮			
三溴化硼	BORON TRIBROMIDE	10294-33-4							
三氧化铬	CHROMIUM TRIOX-IDE,Cromium(Ⅵ)oxide	1333-82-0		0.05					
三氧化硫	SULFUR TRIOXIDE	7446-11-9, 8014-95-7		1	2				
三氧化锑	ANTIMONY TRIOXIDE	1309-64-4		0.5					
三乙胺	TRIETHYLAMINE	121-44-8					4.2 (1ppm)	12.6 (3ppm)	H
1,2,4-三乙苯	1,2,4-TRIETHYL-BENZENE	877-44-1							
三乙醇胺	TRIETHANOLAMINE	102-71-6							
三乙基氯化锡	TRIETHYLTIN CHLO-RIDE	994-31-0		0.05	0.1	皮			

欧盟职业接触限值 （EU OELs）			德国职业接触限值 （German MAK）					致癌物 分类 （IARC）	国际化学 品安全 卡编号 （ICSC No.）	中文名称
8h /(mg/m³)	15min /(mg/m³)	备注	8h /(mg/m³)	致癌 分类	妊娠 风险 分类	生殖细 胞突变 分类	备注			
									0616	三氯化硼
							H	2A	0105	三氯甲苯
									1658	三氯甲基吡啶
10(2ppm)		皮肤	2.5 (0.5ppm)	4	C		H	2B	0027	三氯甲烷
					C				0581	三氯硫磷
									0962	三氯萘
									0591	三氯氢硅
			0.13 (0.02ppm)		C				0190	三氯氧磷
								2A		三氯乙醛
			1.4 (0.2ppm)					2B	0586	三氯乙酸
555 (100ppm)	1110 (200ppm)		1100 (200ppm)		C		H	3	0079	三氯乙烷
			55(10ppm)				H	3	0080	1,1,2-三氯乙烷
				1	3B		H	1	0081	三氯乙烯
				2	3B		H,Sh	3	0967	2,4,6-三硝基甲苯
									0230	三溴化硼
								1	1194	三氧化铬
									1202,1447	三氧化硫
				2	3B			2B	0012	三氧化锑
8.4 (2ppm)	12.6 (3ppm)	皮肤	4.2(1ppm)						0203	三乙胺
			34(5ppm)				H			1,2,4-三乙苯
			1(可吸入 颗粒物)					3	1034	三乙醇胺
										三乙基氯化锡

S

中文名称	英文名称	化学文摘号 (CAS No.)	中国职业接触限值 (Chinese OELs)				荷兰职业接触限值 (Dutch OELs)		
			MAC /(mg/ m³)	PC-TWA /(mg/ m³)	PC-STEL /(mg/ m³)	备注	TWA-8h /(mg/m³)	TWA-15min /(mg/m³)	备注
杀草强	AMITROLE	61-82-5							
杀螟松	SUMITHION	122-14-5		1	2	皮			
杀鼠灵	WARFARIN	81-81-2							
杀鼠酮	PINDONE	83-26-1							
砷	ARSENIC	7440-38-2		0.01	0.02		0.0028		
砷化镓	GALLIUM ARSENIDE	1303-00-0							
砷化氢(胂)	ARSINE	7784-42-1	0.03				0.0028		
砷及其无机化合物(按 As 计)	ARSENIC,inorganic compounds,as As	7784-34-1, 10048-95-0, 1303-28-2, 1327-53-3, 7784-40-9, 7784-44-3, 7778-43-0, 10103-50-1, 7778-39-4		0.01	0.02		0.0028		
1-十二烷基硫醇	DODECYL MERCAPTAN	112-55-0							
石蜡烟	PARAFFIN WAX fume	8002-74-2		2	4				
石墨(除纤维之外的所有形态)	GRAPHITE, all forms except fibers	7782-42-5		4(石墨粉尘)					
石脑油(石油),加氢处理重组分	NAPHTA PETROLEUM,hydrotreated heavy	64742-48-9							
石英(可入肺颗粒物)	SILICA, crystalline (α-quartz);respirable	1317-95-9, 14808-60-7					0.075		
(石油)蒸馏馏出液(加氢处理气溶胶)	DISTILLATES PETROLEUM, hydrotreated, aerosol	64742-47-8							
(石油)蒸馏馏出液(加氢处理蒸气)	DISTILLATES PETROLEUM,hydrotreated vapour	64742-47-8							
石油磺酸钙盐(矿物油中的工业混合物)	PETROLEUM SULFONATES, Ca salts (technical mixture in mineral oil)	61789-86-4							
石油沥青烟(按苯溶物计)	ASPHALT (PETROLEUM) fumes, as Benzene soluble matter	8052-42-4		5					
叔丁胺	tert-BUTYLAMINE	75-64-9							
叔丁醇	tert-BUTANOL	75-65-0							

S

欧盟职业接触限值 (EU OELs)			德国职业接触限值 (German MAK)					致癌物分类 (IARC)	国际化学品安全卡编号 (ICSC No.)	中文名称
8h /(mg/m³)	15min /(mg/m³)	备注	8h /(mg/m³)	致癌分类	妊娠风险分类	生殖细胞突变分类	备注			
0.2			0.2(可吸入颗粒物)	4	C		H	3	0631	杀草强
									0622	杀螟松
			0.02 (0.0016ppm)				H		0821	杀鼠灵
									1515	杀鼠酮
				1		3A	H	1	0013	砷
							H	1		砷化镓
									0222	砷化氢(胂)
				1		3A	H	1	0221,0326,0377,0378,0911,1207,1208,1209,1625	砷及其无机化合物(按As计)
									0042	1-十二烷基硫醇
									1457	石蜡烟
			4(可吸入颗粒物)；1.5(可入肺颗粒物)						0893	石墨(除纤维之外的所有形态)
			300 (50ppm)	3B	C				1380	石脑油(石油),加氢处理重组分
								1	0808	石英(可入肺颗粒物)
			5(可入肺颗粒物)						1379	(石油)蒸馏馏出液(加氢处理气溶胶)
			350 (50ppm)						1379	(石油)蒸馏馏出液(加氢处理蒸气)
			5(可入肺颗粒物)							石油磺酸钙盐(矿物油中的工业混合物)
							H	2B	0612	石油沥青烟(按苯溶物计)
			6.1(2ppm)		D					叔丁胺
			62(20ppm)		C				0114	叔丁醇

S

中文名称	英文名称	化学文摘号 (CAS No.)	中国职业接触限值 (Chinese OELs)				荷兰职业接触限值 (Dutch OELs)		
			MAC /(mg/ m³)	PC-TWA /(mg/ m³)	PC-STEL /(mg/ m³)	备注	TWA-8h /(mg/m³)	TWA-15min /(mg/m³)	备注
叔丁基-4-羟基茴香醚	*tert*-BUTYL-4-HYDR-OXYANISOLE(BHA)	25013-16-5							
叔丁基铬酸酯（按Cr计）	*tert*-BUTYL CHROMATE, as Cr	1189-85-1		0.05			0.1		C,H
叔戊基甲基醚	*tert*-AMYL METHYL ETHER	994-05-8							
4-叔辛基苯酚	4-*tert*-OCTYLPHENOL	140-66-9							
双（二甲基氨基乙基）醚	BIS（DIMETHYLAMIN-OETHYL)ETHER	3033-62-3							
双（巯基乙酸)二辛基锡	BIS（MERCAPTOACE-TATE)DIOCTYLTIN	26401-97-8		0.1	0.2				
双丙酮醇	DIACETONE ALCOHOL	123-42-2		240					
双酚 A	BISPHENOL A	80-05-7					2(可吸入)		
双硫磷	TEMEPHOS	3383-96-8							
双硫醒	DISULFIRAM	97-77-8		2					
双氯甲醚	BIS(CHLOROMETHYL) ETHER	542-88-1	0.005						
水溶性六价铬化合物	CHROMIUM,Cr Ⅵ compounds,water soluble	14977-61-8, 1333-82-0, 10588-01-9, 7775-11-3		0.05					
2,3,3,3-四氟丙烯	2,3,3,3-TETRAFLU-OROPROPENE	754-12-1							
四氟二氯乙烷	DICHLOROTET-RAFLUOROETHANE	76-14-2							
四氟化硫	SULFUR TETRAFLUO-RIDE	7783-60-0							
1,1,1,2-四氟乙烷	1,1,1,2-TETRAFLU-OROETHANE	811-97-2							
四氟乙烯	TETRAFLUOROETH-YLENE	116-14-3							
四甲基琥珀腈	TETRAMETHYL SUC-CINONITRILE	3333-52-6							
四甲基铅	TETRAMETHYL LEAD	75-74-1							
1,1,2,2-四氯-1,2-二氟乙烷	1,1,2,2-TETRACHLO-RO-1,2-DIFLUOROETH-ANE	76-12-0							

欧盟职业接触限值 （EU OELs）			德国职业接触限值 （German MAK）					致癌物 分类 （IARC）	国际化学 品安全 卡编号 （ICSC No.）	中文名称
8h /(mg/m³)	15min /(mg/m³)	备注	8h /(mg/m³)	致癌 分类	妊娠 风险 分类	生殖细 胞突变 分类	备注			
			20（可吸入 颗粒物）	3B	C					叔丁基-4-羟基茴香 醚
									1533	叔丁基铬酸酯（按 Cr计）
									1496	叔戊基甲基醚
			4.3 （0.5ppm）							4-叔辛基苯酚
										双（二甲基氨基乙 基）醚
										双（巯基乙酸）二辛 基锡
			96（20ppm）	D			H		0647	双丙酮醇
2			5（可吸入 颗粒物）	C			Sp		0634	双酚A
									0199	双硫磷
			2（可吸入 颗粒物）	D			Sh	3	1438	双硫醌
			1					1	0237	双氯甲醚
			1（可吸入 颗粒物）		·	2 （inhalable）	H,Sh	1	0854,1194, 1369,1370	水溶性六价铬化合 物
			950 （200ppm）						1776	2,3,3,3-四氟丙烯
			7100 （1000ppm）	D					0649	四氟二氯乙烷
2.5									1456	四氟化硫
			4200 （1000ppm）						1281	1,1,1,2-四氟乙烷
								2A		四氟乙烯
									1121	四甲基琥珀腈
			0.05				H		0200	四甲基铅
			1700 （200ppm）						1421	1,1,2,2-四　氯-1,2- 二氟乙烷

S

中文名称	英文名称	化学文摘号 (CAS No.)	中国职业接触限值 (Chinese OELs)				荷兰职业接触限值 (Dutch OELs)		
			MAC /(mg/m³)	PC-TWA /(mg/m³)	PC-STEL /(mg/m³)	备注	TWA-8h /(mg/m³)	TWA-15min /(mg/m³)	备注
1,1,1,2-四氯-2,2-二氟乙烷	1,1,1,2-TETRACHLO-RO-2,2-DIFLUOROETH-ANE	76-11-9							
四氯化碳	CARBON TETRACHLO-RIDE	56-23-5		15	25	皮			
四氯萘	TETRACHLORONAPH-THALENE	1335-88-2							
1,1,2,2-四氯乙烷	1,1,2,2-TETRACHLO-ROETHANE	79-34-5							
四氯乙烯	TETRACHLOROETH-YLENE	127-18-4		200					
四羟甲基硫酸磷	TETRAKIS(HYDROXY-METHYL) PHOSPHO-NIUM SULFATE	55566-30-8							
四羟甲基氯化磷	TETRAKIS(HYDROXY-METHYL) PHOSPHO-NIUM CHLORIDE	124-64-1							
四氢呋喃	TETRAHYDROFURAN	109-99-9		300			300 (100ppm)	600 (200ppm)	H
四氢化硅	SILANE, Silicon tetra-hydride	7803-62-5							
1,2,3,4-四氢化萘	1,2,3,4-TETRAHYD-RONAPHTHALENE	119-64-2							
四氢化锗	GERMANIUM TETRA-HYDRIDE	7782-65-2		0.6					
四氢噻吩	TETRAHYDROTHIO-PHENE(THT)	110-01-0							
四硝基甲烷	TETRANITROMETH-ANE	509-14-8							
四溴化碳	CARBON TETRABRO-MIDE	558-13-4		1.5	4				
1,1,2,2-四溴乙烷	1,1,2,2-TETRABRO-MOETHANE	79-27-6							
四氧化锇	OSMIUM TETROXIDE	20816-12-0							
四乙基铅(按Pb计)	TETRAETHYL LEAD, as Pb	78-00-2		0.02		皮			
松节油及特定单萜烯类	TURPENTINE and se-lected monoterpenes	8006-64-2, 80-56-8, 127-91-3, 13466-78-9		300					
松香心焊锡(热分解)	ROSIN CORE SOLDER, thermal decomposition	8050-09-7							

欧盟职业接触限值 (EU OELs)			德国职业接触限值 (German MAK)					致癌物分类 (IARC)	国际化学品安全卡编号 (ICSC No.)	中文名称
8h /(mg/m³)	15min /(mg/m³)	备注	8h /(mg/m³)	致癌分类	妊娠风险分类	生殖细胞突变分类	备注			
			1700 (200ppm)						1420	1,1,1,2-四氯-2,2-二氟乙烷
6.4 (1ppm)	32 (5ppm)	皮肤	3.2 (0.5ppm)	4	C		H	2B	0024	四氯化碳
									1387	四氯萘
			7(1ppm)				H	2B	0332	1,1,2,2-四氯乙烷
138 (20ppm)	275 (40ppm)	皮肤	69(10ppm)	3B	C		H	2A	0076	四氯乙烯
								3		四羟甲基硫酸磷
								3		四羟甲基氯化磷
150 (50ppm)	300 (100ppm)	皮肤	150 (50ppm)	4	C		H	2B	0578	四氢呋喃
									0564	四氢化硅
			11(2ppm)						1527	1,2,3,4-四氢化萘
									1244	四氢化锗
			180 (50ppm)						0677	四氢噻吩
							H	2B	1468	四硝基甲烷
									0474	四溴化碳
									1235	1,1,2,2-四溴乙烷
									0528	四氧化铹
			0.05		B		H		0008	四乙基铅（按 Pb 计）
			28(5ppm)		D		H,Sh		1063	松节油及特定单萜烯类
									0358	松香心焊锡（热分解）

中文名称	英文名称	化学文摘号(CAS No.)	中国职业接触限值(Chinese OELs)				荷兰职业接触限值(Dutch OELs)		
			MAC/(mg/m³)	PC-TWA/(mg/m³)	PC-STEL/(mg/m³)	备注	TWA-8h/(mg/m³)	TWA-15min/(mg/m³)	备注
速灭磷（异构体混合物）	MEVINPHOS isomer mixture	7786-34-7							
酸雾,强无机酸	ACID MISTS, strong inorganic								
缩水甘油	GLYCIDOL	556-52-5							
缩水甘油苯基醚	PHENYL GLYCIDIL ETHER	122-60-1							
1,3,5-缩水甘油基异氰脲酸酯	1,3,5-TRIGLYCIDYL-ISOCYANURATE	2451-62-9							
铊	THALLIUM	7440-28-0		0.05	0.1	皮			
铊可溶性化合物（按Tl计）	THALLIUM soluble compounds, as Tl	7446-18-6, 6533-73-9		0.05	0.1	皮			
钽	TANTALUM	7440-25-7		5					
炭黑	CARBON BLACK	1333-86-4		4					
碳化硅（非纤维,可入肺颗粒物）	SILICON CARBIDE, nonfibrous, respirable	409-21-2		8					
碳化硅（非纤维,可吸入颗粒物）	SILICON CARBIDE, nonfibrous, inhalable	409-21-2		8					
碳化硅（纤维,含有晶须）	SILICON CARBIDE, fibrous (including whiskers)	409-21-2		8					
碳酸钠（无水）	SODIUM CARBONATE, anhydrous	497-19-8		3	6				
羰基氟	CARBONYL FLUORIDE	353-50-4		5	10				
羰基钴	COBALT CARBONYL	10210-68-1							
羰基硫	CARBONYL SULFIDE	463-58-1							
羰基镍（按Ni计）	NICKEL CARBONYL, as Ni	13463-39-3	0.002						
叔丁硫磷	TERBUFOS	13071-79-9							
特普	TETRAETHYL PYROPHOSPHATE	107-49-3							
特屈儿	TETRYL	479-45-8							
锑	ANTIMONY	7440-36-0		0.5			0.5		
锑化合物（按Sb计）	ANTIMONY compounds, as Sb	1309-64-4, 7783-70-2, 10025-91-9		0.5			0.5		
锑化氢	ANTIMONY HYDRIDE	7803-52-3		0.5			0.5(0.1ppm)		

欧盟职业接触限值（EU OELs）			德国职业接触限值（German MAK）					致癌物分类（IARC）	国际化学品安全卡编号（ICSC No.）	中文名称
8h /(mg/m³)	15min /(mg/m³)	备注	8h /(mg/m³)	致癌分类	妊娠风险分类	生殖细胞突变分类	备注			
			0.093 (0.01ppm)				H		0924	速灭磷(异构体混合物)
								1	0362	酸雾,强无机酸
							H	2A	0159	缩水甘油
							H,Sh	2B	0188	缩水甘油苯基醚
							Sah		1274	1,3,5-缩水甘油基异氰脲酸酯
									0077	铊
									0336,1221	铊可溶性化合物(按Tl计)
			4(可吸入颗粒物)	3A(可入肺颗粒物)					1596	钽
				3B(可吸入颗粒物)				2B	0471	炭黑
									1061	碳化硅(非纤维,可入肺颗粒物)
								2A	1061	碳化硅(非纤维,可吸入颗粒物)
									1061	碳化硅(纤维,含有晶须)
									1135	碳酸钠(无水)
									0633	羰基氟
				2		3A	H,Sah		0976	羰基钴
										羰基硫
								1	0064	羰基镍(按Ni计)
									1768	叔丁硫磷
			0.06 (0.005ppm)				H		1158	特普
							H,Sh		0959	特屈儿
				2		3B			0775	锑
				2		3B		2B	0012,0220,1224	锑化合物(按Sb计)
				2		3B			0776	锑化氢

S

中文名称	英文名称	化学文摘号（CAS No.）	中国职业接触限值（Chinese OELs）				荷兰职业接触限值（Dutch OELs）		
			MAC /(mg/ m³)	PC-TWA /(mg/ m³)	PC-STEL /(mg/ m³)	备注	TWA-8h /(mg/m³)	TWA-15min /(mg/m³)	备注
天然气	NATURAL GAS	8006-14-2							
天然橡胶	NATURAL RUBBER LATEX	9006-04-6							
铁闪石石棉	ASBESTOS gruenerite (amosite)	12172-73-5					10000f/m³		
铜尘（按 Cu 计）	COPPER, Dusts and mists	7440-50-8		1					
铜及其无机盐	COPPER and its inorganic salts	7440-50-8, 1317-39-1, 10103-61-4, 7758-98-7, 10290-12-7, 7758-99-8					0.1		H
铜烟（按 Cu 计）	COPPER, Fume	7440-50-8		0.2					
透闪石石棉	ASBESTOS tremolite	77536-68-6					10000f/m³		
未另说明的可入肺颗粒物（不溶或难溶）	PARTICLES NOS, insoluble or poorly soluble; Respirable								
未另说明的可吸入颗粒物（不溶或难溶）	PARTICLES NOS, insoluble or poorly soluble; Inhalable								
温石棉	ASBESTOS chrysotile	12001-29-5					2000f/m³		
钨	TUNGSTEN	7440-33-7		5	10				
钨及其不溶性化合物（按 W 计）	TUNGSTEN and insoluble compounds, as W	12070-12-1		5	10				
无机二价铬化合物	CHROMIUM, inorganic Cr Ⅱ compounds	10049-05-5							
无烟煤煤尘	Coal dust, Anthracite	8029-10-5							
五氟化硫	SULFUR PENTAFLUORIDE	5714-22-7							
五氟化溴	BROMINE PENTAFLUORIDE	7789-30-2							
五氟氯乙烷	CHLOROPENTAFLUOROETHANE	76-15-3		5000					
五硫化二磷	PHOSPHORUS PENTASULFIDE	1314-80-3		1	3		1		
五氯酚及其钠盐	PENTACHLOROPHENOL and its sodium salts	87-86-5, 131-52-2		0.3		皮			

欧盟职业接触限值（EU OELs）			德国职业接触限值（German MAK）					致癌物分类（IARC）	国际化学品安全卡编号（ICSC No.）	中文名称
8h /(mg/m³)	15min /(mg/m³)	备注	8h /(mg/m³)	致癌分类	妊娠风险分类	生殖细胞突变分类	备注			
										天然气
							Sah			天然橡胶
0.1f/ml（强制）								1		铁闪石石棉
			0.01（可入肺颗粒物）		C				0240	铜尘（按 Cu 计）
			0.01（可入肺颗粒物）		C				0240,0421, 0648,0751, 1211,1416	铜及其无机盐
			0.01（可入肺颗粒物）		C				0240	铜烟（按 Cu 计）
0.1f/ml（强制）								1		透闪石石棉
										未另说明的可入肺颗粒物（不溶或难溶）
										未另说明的可吸入颗粒物（不溶或难溶）
0.1f/ml（强制）								1	0014	温石棉
									1404	钨
									1320	钨及其不溶性化合物（按 W 计）
2（不溶）									1317	无机二价铬化合物
				3B				3		无烟煤尘
2.5										五氟化硫
2.5									0974	五氟化溴
									0848	五氟氯乙烷
1									1407	五硫化二磷
				2			H	1	0069,0532	五氯酚及其钠盐

中文名称	英文名称	化学文摘号 (CAS No.)	中国职业接触限值 (Chinese OELs)				荷兰职业接触限值 (Dutch OELs)		
			MAC /(mg/ m³)	PC-TWA /(mg/ m³)	PC-STEL /(mg/ m³)	备注	TWA-8h /(mg/m³)	TWA-15min /(mg/m³)	备注
五氯化磷	PHOSPHORUS PENTA-CHLORIDE	10026-13-8					1		
五氯萘	PENTACHLO-RONAPHTHALENE	1321-64-8							
五氯硝基苯	PENTACHLORONI-TROBENZENE	82-68-8							
五氯乙烷	PENTACHLOROETH-ANE	76-01-7							
五水合四硼酸钠	SODIUM TETRABORATE PENTAHYDRATE	12179-04-3; 10043-35-3							
五羰基铁(按 Fe 计)	IRON PENTACARBON-YL,as Fe	13463-40-6		0.25	0.5				
五氧化二钒烟尘	VANADIUM PENTOX-IDE,fume,dust	1314-62-1		0.05					
五氧化二磷	PHOSPHORUS PENTOX-IDE	1314-56-3	1				1	5	
戊醇	AMYL ALCOHOL	71-41-0		100					
戊醇(异构体)	PENTANOL,isomers	71-41-0, 584-02-1, 108-11-2, 6032-29-7		100					
戊二醛	GLUTARALDEHYDE	111-30-8							
2,3-戊二酮	2,3-PENTANEDIONE	600-14-6							
2,4-戊二酮	2,4-PENTANEDIONE	123-54-6							
戊硼烷	PENTABORANE	19624-22-7							
戊烷(全部异构体)	PENTANE,all isomers	78-78-4, 109-66-0, 463-82-1		500	1000		1800 (600ppm)		
西玛津	SIMAZINE	122-34-9							
硒化合物(按 Se 计,不包括六氟化硒、硒化氢)	SELENIUM compounds, as Se,(except Hexafluo-ride,Hydrogen Selenide)	10102-18-8, 7783-00-8, 7446-08-4, 7791-23-3, 13768-86-0		0.1					
硒化氢(按 Se 计)	HYDROGEN SELENIDE, as Se	7783-07-5		0.15	0.3		0.1 (0.03ppm)		
硒金属	SELENIUM,metal	7782-49-2		0.1					

欧盟职业接触限值（EU OELs）			德国职业接触限值（German MAK）					致癌物分类（IARC）	国际化学品安全卡编号（ICSC No.）	中文名称
8h /(mg/m³)	15min /(mg/m³)	备注	8h /(mg/m³)	致癌分类	妊娠风险分类	生殖细胞突变分类	备注			
1			1(可吸入颗粒物)						0544	五氯化磷
									0935	五氯萘
								3	0745	五氯硝基苯
			42(5ppm)					3	1394	五氯乙烷
			5(可吸入颗粒物)	C						五水合四硼酸钠
			0.81(0.1ppm)	D			H		0168	五羰基铁(按Fe计)
			2(可吸入颗粒物)			2		2B	0596	五氧化二钒烟尘
1mg/m³			2(可吸入颗粒物)	C					0545	五氧化二磷
									0535	戊醇
			73(20ppm)						0535,0536,0665,1428	戊醇(异构体)
			0.21(0.05ppm)	4	C		Sah		0158,0352	戊二醛
			0.083(0.02ppm)				H,Sh			2,3-戊二酮
			83(20ppm)				H		0533	2,4-戊二酮
			0.013(0.005ppm)						0819	戊硼烷
3000(1000ppm)			3000(1000ppm)	C					0534,1153,1773	戊烷(全部异构体)
								3	0699	西玛津
			0.02(可吸入颗粒物)	3B			H	3	0698,0945,0946,0948,0949	硒化合物(按Se计,不包括六氟化硒、硒化氢)
0.07(0.02ppm)	0.17(0.05ppm)		0.02(0.006ppm)	3B	C				0284	硒化氢(按Se计)
			0.02(可吸入颗粒物)	3B			H	3	0072	硒金属

中文名称	英文名称	化学文摘号 (CAS No.)	中国职业接触限值 (Chinese OELs)				荷兰职业接触限值 (Dutch OELs)		
			MAC /(mg/ m³)	PC-TWA /(mg/ m³)	PC-STEL /(mg/ m³)	备注	TWA-8h /(mg/m³)	TWA-15min /(mg/m³)	备注
烯丙基丙基二硫	ALLYL PROPYL DISULFIDE	2179-59-1							
烯丙基氯	ALLYL CHLORIDE	107-05-1		2	4				
烯丙基缩水甘油醚	ALLYL GLYCIDYL ETHER	106-92-3							
烯丙基溴	ALLYL BROMIDE	106-95-6							
锡金属	TIN,metal	7440-31-5					2		
锡无机化合物（按 Sn 计）	TIN, inorganic compounds, as Sn	10025-69-1, 7783-47-3, 7646-78-8, 18282-10-5, 7772-99-8, 21651-19-4					2		
锡有机化合物（按 Sn 计）	TIN, organic compounds, as Sn	77-58-7, 56-35-9, 76-87-9							
纤维素	CELLULOSE	9004-34-6		10					
橡胶制造工业	Rubber manufacturing industry								
硝化甘油	NITROGLYCERINE	55-63-0	1			皮			
4-硝基-2-氨基甲苯	5-NITRO-o-TOLUIDINE	99-55-8							
硝基苯	NITROBENZENE	98-95-3		2		皮	1(0.2ppm)		H
1-硝基丙烷	1-NITROPROPANE	108-03-2		90					
2-硝基丙烷	2-NITROPROPANE	79-46-9		30			0.036(0.01ppm)		
4-(2-硝基丁基)吗啉（70％）	4-(2-NITROBUTYL)-MORPHOLINE,70%	2224-44-4							
硝基甲苯（全部异构体）	NITROTOLUENES, isomers	88-72-2, 99-99-0, 99-08-1		10		皮			
硝基甲烷	NITROMETHANE	75-52-5		50					
4-硝基联苯	4-NITRODIPHENYL	92-93-3							
硝基乙烷	NITROETHANE	79-24-3		300					
硝酸	NITRIC ACID	7697-37-2						1.3 (0.5ppm)	
硝酸正丙酯	n-PROPYL NITRATE	627-13-4							
1-辛醇	1-OCTANOL	111-87-5							
2-辛基-4-异噻唑啉-3-酮	2-OCTYL-4-ISOTHIAZOLIN-3-ONE	26530-20-1							

欧盟职业接触限值 （EU OELs）			德国职业接触限值 （German MAK）					致癌物 分类 （IARC）	国际化学 品安全 卡编号 （ICSC No.）	中文名称
8h /(mg/m³)	15min /(mg/m³)	备注	8h /(mg/m³)	致癌 分类	妊娠 风险 分类	生殖细 胞突变 分类	备注			
			12(2ppm)						1422	烯丙基丙基二硫
				3B			H	3	0010	烯丙基氯
				2			H,Sh		0096	烯丙基缩水甘油醚
										烯丙基溴
			0.02 (0.004ppm)		D		H		1535	锡金属
									0738,0860, 0953,0955, 0954,0956	锡无机化合物（按 Sn 计）
							H		1171,1282, 1283	锡有机化合物（按 Sn 计）
										纤维素
								1		橡胶制造工业
0.095 (0.01ppm)	0.19 (0.02ppm)	皮肤	0.094 (0.01ppm)	3B	C		H		0186	硝化甘油
								3		4-硝基-2-氨基甲苯
1 (0.2ppm)		皮肤	0.51 (0.1ppm)	4	C		H	2B	0065	硝基苯
			7.4(2ppm)		D		H		1050	1-硝基丙烷
			2				H	2B	0187	2-硝基丙烷
			4.2 (0.5ppm)				Sh			4-(2-硝基丁基)吗 啉(70%)
				2/3B	3B		H	2A,2B	0931,0932, 1411	硝基甲苯(全部异构 体)
				3B			H	2B	0522	硝基甲烷
							H	3	1395	4-硝基联苯
62 (20ppm)	312 (100ppm)	皮肤	31(10ppm)		D		H		0817	硝基乙烷
									0183	硝酸
									1513	硝酸正丙酯
			54(10ppm)						1030	1-辛醇
			0.05(可吸 入颗粒物)				H,Sh			2-辛基-4-异噻唑啉- 3-酮

X

中文名称	英文名称	化学文摘号 (CAS No.)	中国职业接触限值 (Chinese OELs)				荷兰职业接触限值 (Dutch OELs)		
			MAC /(mg/m³)	PC-TWA /(mg/m³)	PC-STEL /(mg/m³)	备注	TWA-8h /(mg/m³)	TWA-15min /(mg/m³)	备注
辛烷	OCTANE	111-65-9，540-84-1		500					
锌及其无机化合物（可入肺颗粒物）	ZINC and its inorganic compounds，respirable	7446-20-0，1314-84-7，13530-65-9，7646-85-7，7440-66-6，7779-88-6，1314-98-3，7733-02-0，11103-86-9							
锌及其无机化合物（可吸入颗粒物）	ZINC and its inorganic compounds，inhalable	1314-13-2，1314-84-7，13530-65-9，7733-02-0，11103-86-9							
新戊烷	NEOPENTANE	463-82-1		500	1000				
溴	BROMINE	7726-95-6		0.6	2			0.2 (0.03ppm)	
1-溴丙烷	1-BROMOPROPANE	106-94-5							
溴仿	BROMOFORM	75-25-2							
溴化氢	HYDROGEN BROMIDE	10035-10-6	10					6.7 (2ppm)	
溴化氰	CYANOGEN BROMIDE	506-68-3							
溴甲烷	METHYL BROMIDE	74-83-9		2		皮			
溴氰菊酯	DELTAMETHRIN	52918-63-5		0.03					
溴乙烷	ETHYL BROMIDE	74-96-4							
溴乙烯	VINYL BROMIDE	593-60-2					0.012		
4,4'-亚甲基双(2-氯苯胺)	4,4'-METHYLENE BIS (2-CHLOROANILINE)	101-14-4					0.02		H
4,4'-亚甲基双苯胺	4,4'-METHYLENEDIANILINE	101-77-9					0.009 (0.001ppm)		H
亚磷酸三甲酯	TRIMETHYL PHOSPHITE	121-45-9							
亚硫酸氢钠	SODIUM BISULFITE	7631-90-5							
N-亚硝基二甲胺	N-NITROSODIMETHYLAMINE	62-75-9					0.0002		
亚硝酸异丁酯	ISOBUTYL NITRITE	542-56-3							
亚乙基降冰片烯	ETHYLIDENE NORBORNENE	16219-75-3							
氩	ARGON	7440-37-1							

欧盟职业接触限值 （EU OELs）			德国职业接触限值 （German MAK）					致癌物 分类 （IARC）	国际化学 品安全 卡编号 （ICSC No.）	中文名称
8h /（mg/m³）	15min /（mg/m³）	备注	8h /（mg/m³）	致癌 分类	妊娠 风险 分类	生殖细 胞突变 分类	备注			
			2400 （500ppm）	D					0933,0496	辛烷
			0.1（可入肺 颗粒物）						0349,0602, 0811,1064, 1205,1206, 1627,1698, 1775	锌及其无机化合物 （可入肺颗粒物）
			2（可吸入 颗粒物）						0208,0602, 0811,1698, 1775	锌及其无机化合物 （可吸入颗粒物）
3000 （1000ppm）			3000 （1000ppm）						1773	新戊烷
0.7 （0.1ppm）				IIb					0107	溴
				2			H	2B	1332	1-溴丙烷
								3	0108	溴仿
	6.7 （2ppm）		6.7（2ppm）	D					0282	溴化氢
									0136	溴化氰
			3.9（1ppm）	3B	C			3	0109	溴甲烷
								3	0247	溴氰菊酯
							H	3	1378	溴乙烷
								2A	0597	溴乙烯
							H	1	0508	4,4′-亚甲基双（2-氯 苯胺）
				2			H,Sh	2B	1111	4,4′-亚甲基双苯胺
							H		1556	亚磷酸三甲酯
									1134	亚硫酸氢钠
							H	2A	0525	N-亚硝基二甲胺
									1651	亚硝酸异丁酯
									0473	亚乙基降冰片烯
									0154	氩

中文名称	英文名称	化学文摘号 (CAS No.)	中国职业接触限值 (Chinese OELs)				荷兰职业接触限值 (Dutch OELs)		
			MAC /(mg/ m³)	PC-TWA /(mg/ m³)	PC-STEL /(mg/ m³)	备注	TWA-8h /(mg/m³)	TWA-15min /(mg/m³)	备注
烟煤或褐煤煤尘	COAL DUST, Bituminous or Lignite	308062-82-0							
阳起石石棉	ASBESTOS actinolite	77536-66-4					10000f/m³		
氧化钙	CALCIUM OXIDE	1305-78-8		2					
氧化镁烟	MAGNESIUM OXIDE, fume	1309-48-4		10					
氧化硼	BORON OXIDE	1303-86-2							
氧化钽（按 Ta 计）	TANTALUM OXIDE, as Ta	1314-61-0		5					
氧化铁	FERRIC OXIDE; Iron oxide	1309-37-1							
氧化锌	ZINC OXIDE	1314-13-2		3	5				
氧化亚氮	NITROUS OXIDE	10024-97-2							
氧乐果	OMETHOATE	1113-02-6		0.15		皮			
p,p'-氧双苯磺酰肼	p,p'-OXYBIS(BENZENE-SULFONYL HYDRA-ZIDE)	80-51-3							
液化石油气	LPG liquefied petroluem gas(LPG)	68476-85-7		1000	1500				
一氟二氯甲烷	DICHLOROFLU-OROMETHANE	75-43-4							
一甲胺	MONOMETHYLAMINE	74-89-5		5	10				
一氯化硫	SULFUR MONOCHLO-RIDE	10025-67-9							
一氧化氮	NITRIC OXIDE, NITRO-GEN MONOXIDE	10102-43-9		15			0.25 (0.2ppm)		
一氧化碳（非高原）	CARBON MONOXIDE (not in high altitude)	630-08-0		20	30		29		
一氧化碳（高原，海拔 2000～3000m）	CARBON MONOXIDE (in high altitude 2000～3000m)	630-08-0	20						
一氧化碳（高原，海拔＞3000m）	CARBON MONOXIDE (in high altitude ＞3000m)	630-08-0	15						
乙胺	ETHYLAMINE	75-04-7		9	18	皮	9(5ppm)		

欧盟职业接触限值（EU OELs）			德国职业接触限值（German MAK）					致癌物分类（IARC）	国际化学品安全卡编号（ICSC No.）	中文名称
8h /(mg/m³)	15min /(mg/m³)	备注	8h /(mg/m³)	致癌分类	妊娠风险分类	生殖细胞突变分类	备注			
										烟煤或褐煤煤尘
0.1f/ml（强制）								1		阳起石石棉
1	4		1（可吸入颗粒物）		C				0409	氧化钙
			4（可吸入颗粒物）；0.3（可入肺颗粒物）	4（可入肺颗粒物）	C				0504	氧化镁烟
			Iib						0836	氧化硼
										氧化钽（按Ta计）
								3	1577	氧化铁
			2（可吸入颗粒物）；0,1（可入肺颗粒物）						0208	氧化锌
			180（100ppm）						0067	氧化亚氮
										氧乐果
									1285	p,p'-氧双苯磺酰肼
										液化石油气
			43（10ppm）						1106	一氟二氯甲烷
			13（10ppm）		D				0178,1483	一甲胺
									0958	一氯化硫
2.5（2ppm）			0.63（0.5ppm）		D				1311	一氧化氮
23（20ppm）	117（100ppm）		35（30ppm）		B				0023	一氧化碳（非高原）
									0023	一氧化碳（高原，海拔 2000～3000m）
									0023	一氧化碳（高原，海拔＞3000m）
9.4（5ppm）			9.4（5ppm）		D				0153,1482	乙胺

Y

中文名称	英文名称	化学文摘号 (CAS No.)	中国职业接触限值 (Chinese OELs)				荷兰职业接触限值 (Dutch OELs)		
			MAC /(mg/m³)	PC-TWA /(mg/m³)	PC-STEL /(mg/m³)	备注	TWA-8h /(mg/m³)	TWA-15min /(mg/m³)	备注
乙拌磷	DISULFOTON	298-04-4							
乙苯	ETHYLBENZENE	100-41-4		100	150				
乙醇(无水)	ETHANOL(anhydrous)	64-17-5					260 (35ppm)	1900 (900ppm)	H
乙醇胺	ETHANOLAMINE; 2-Aminoethanol	141-43-5		8	15		2.5 (1ppm)	7.6 (3ppm)	H
乙二胺	ETHYLENEDIAMINE	107-15-3		4	10	皮			
乙二醇(可吸入气溶胶)	ETHYLENE GLYCOL, inhalable,aerosol	107-21-1		20	40		10 (4ppm)		
乙二醇(蒸气)	ETHYLENE GLYCOL, vapour	107-21-1		20	40		52 (20ppm)	104 (40ppm)	H
乙二醇单丙醚乙酸酯	ETHYLENE GLYCOL MONOPROPYL ETHER ACETATE	20706-25-6							
乙二醇二硝酸酯	ETHYLENE GLYCOL DINITRATE	628-96-6		0.3		皮			
乙二醇一苯醚	2-PHENOXYETHANOL	122-99-6							
乙二醇一丙醚	ETHYLENE GLYCOL MONO-n-PROPYLE-THER	2807-30-9							
乙二醇一丁醚	2-BUTOXYETHANOL	111-76-2					100 (20ppm)	246 (50ppm)	H
乙二醛	GLYOXAL	107-22-2							
乙酐	ACETIC ANHYDRIDE	108-24-7		16					
N-乙基-2-吡咯烷酮	N-ETHYL-2-PYRROLI-DONE	2687-91-4							
2-乙基己醇	2-ETHYL-1-HEXANOL	104-76-7							
2-乙基己基丙烯酸酯	ACRYLIC ACID 2-ETH-YLHEXYL ETHER	103-11-7							
2-乙基己基酯	2-ETHYLHEXYL ACE-TATE	103-09-3							
2-乙基己酸	2-ETHYLHEXANOIC ACID	149-57-5							
N-乙基吗啉	N-ETHYLMORPHO-LINE	100-74-3		25		皮			
乙基叔丁基醚	ETHYL tert-BUTYL ETHER	637-92-3							
乙基戊基甲酮	ETHYL AMYL KETONE	541-85-5		130			215 (49ppm)	430 (98ppm)	H

欧盟职业接触限值（EU OELs）			德国职业接触限值（German MAK）					致癌物分类（IARC）	国际化学品安全卡编号（ICSC No.）	中文名称
8h /(mg/m³)	15min /(mg/m³)	备注	8h /(mg/m³)	致癌分类	妊娠风险分类	生殖细胞突变分类	备注			
									1408	乙拌磷
442(100ppm)	884(200ppm)	皮肤	88(20ppm)		C		H	2B	0268	乙苯
			380(200ppm)	5	C	5		1	0044	乙醇（无水）
2.5(1ppm)	7.6(3ppm)	皮肤	0.51(0.2ppm)		C		Sh		0152	乙醇胺
									0269	乙二胺
					C				0270	乙二醇（可吸入气溶胶）
52(20ppm)	104(40ppm)	皮肤	26(10ppm)		C		H		0270	乙二醇（蒸气）
			120(20ppm)		C		H			乙二醇单丙醚乙酸酯
			0.063(0.01ppm)		C		H		1056	乙二醇二硝酸酯
			5.7(1ppm)						0538	乙二醇一苯醚
			43(10ppm)		C		H		0607	乙二醇一丙醚
98(20ppm)	246(50ppm)	皮肤	49(10ppm)		C		H	3	0059	乙二醇一丁醚
							H,Sh		1162	乙二醛
			0.42(0.1ppm)		C				0209	乙酐
			23(5ppm)		C		H			N-乙基-2-吡咯烷酮
5.4(1ppm)			54(10ppm)		C				0890	2-乙基己醇
			38(5ppm)		C		Sh	3	0478	2-乙基己基丙烯酸酯
			71(10ppm)		C					2-乙基己基酯
									0477	2-乙基己酸
									0480	N-乙基吗啉
									1706	乙基叔丁基醚
53(10ppm)	107(20ppm)		53(10ppm)						1391	乙基戊基甲酮

Y

中文名称	英文名称	化学文摘号 (CAS No.)	中国职业接触限值 (Chinese OELs)				荷兰职业接触限值 (Dutch OELs)		
			MAC /(mg/m³)	PC-TWA /(mg/m³)	PC-STEL /(mg/m³)	备注	TWA-8h /(mg/m³)	TWA-15min /(mg/m³)	备注
乙基正丁基甲酮	ETHYL BUTYL KETONE	106-35-4					163 (34ppm)		
乙腈	ACETONITRILE	75-05-8		30		皮	34 (20ppm)		
乙硫醇	ETHYL MERCAPTAN	75-08-1		1					
乙硫磷	ETHION	563-12-2							
乙醚	ETHYL ETHER；Diethyl ether	60-29-7		300	500		308 (100ppm)	616 (200ppm)	
乙硼烷	DIBORANE	19287-45-7		0.1					
乙醛	ACETALDEHYDE	75-07-0	45				37(20ppm)	92(50ppm)	
乙炔	ACETYLENE	74-86-2							
乙酸	ACETIC ACID	64-19-7		10	20		25 (10ppm)		
乙酸苄酯	BENZYL ACETATE	140-11-4							
乙酸丙酯	n-PROPYL ACETATE	109-60-4		200	300				
乙酸丁酯(所有异构体)	BUTYL ACETATE,all i-somers	123-86-4，110-19-0，540-88-5，105-46-4		200	300				
乙酸甲酯	METHYL ACETATE	79-20-9		200	500				
乙酸叔丁酯	tert-BUTYL ACETATE	540-88-5							
乙酸戊酯(全部异构体)	AMYL ACETATE(all isomers)	628-63-7，626-38-0，123-92-2，108-84-9		100	200			530 (98ppm)	
乙酸乙酯	ETHYL ACETATE	141-78-6		200	300				
乙酸乙烯酯	VINYL ACETATE	108-05-4		10	15		18 (5ppm)	36 (10ppm)	
乙酸异丙烯酯	ISOPROPENYL ACETATE	108-22-5							
乙酸异丙酯	ISOPROPYL ACETATE	108-21-4							
乙酸异丁酯	ISOBUTYL ACETATE	110-19-0							
乙烷	ETHANE	74-84-0							
乙烯	ETHYLENE	74-85-1							
1-乙烯基-2-吡咯烷酮	1-VINYL-2-PYRROLI-DONE	88-12-0							

Y

欧盟职业接触限值（EU OELs）			德国职业接触限值（German MAK）					致癌物分类（IARC）	国际化学品安全卡编号（ICSC No.）	中文名称
8h /(mg/m³)	15min /(mg/m³)	备注	8h /(mg/m³)	致癌分类	妊娠风险分类	生殖细胞突变分类	备注			
95 (20ppm)			47(10ppm)						0889	乙基正丁基甲酮
70 (40ppm)		皮肤	17(10ppm)	C			H		0088	乙腈
			1.3(0.5ppm)	D					0470	乙硫醇
									0888	乙硫磷
308 (100ppm)	616 (200ppm)								0355	乙醚
									0432	乙硼烷
			91(50ppm)	5	C	5		2B	0009	乙醛
									0089	乙炔
25 (10ppm)	50 (20ppm)		25(10ppm)	C					0363	乙酸
								3	1331	乙酸苄酯
			420 (100ppm)						0940	乙酸丙酯
			480 (100ppm)	C					0399,0494,1445,0840	乙酸丁酯(所有异构体)
			310 (100ppm)	C					0507	乙酸甲酯
			96(20ppm)	C					1445	乙酸叔丁酯
270 (50ppm)	540 (100ppm)		270 (50ppm)						0218,0219,0356,1335	乙酸戊酯(全部异构体)
734 (200ppm)	1468 (400ppm)		750 (200ppm)	C					0367	乙酸乙酯
17.6 (5ppm)	35.2 (10ppm)			3A				2B	0347	乙酸乙烯酯
			46(10ppm)							乙酸异丙烯酯
			420 (100ppm)						0907	乙酸异丙酯
			480 (100ppm)						0494	乙酸异丁酯
									0266	乙烷
				3B				3	0475	乙烯
			0.047 (0.01ppm)				H	3	1478	1-乙烯基-2-吡咯烷酮

中文名称	英文名称	化学文摘号(CAS No.)	中国职业接触限值(Chinese OELs)				荷兰职业接触限值(Dutch OELs)		
			MAC/(mg/m^3)	PC-TWA/(mg/m^3)	PC-STEL/(mg/m^3)	备注	TWA-8h/(mg/m^3)	TWA-15min/(mg/m^3)	备注
4-乙烯基环己烯	4-VINYL CYCLOHEXENE	100-40-3							
乙烯基环己烯二氧化物	VINYL CYCLOHEXENE DIOXIDE	106-87-6							
乙烯基甲苯(混合异构体)	VINYLTOLUENE, Methyl styrene(mixed isomers)	25013-15-4							
乙烯酮	KETENE	463-51-4		0.8	2.5				
乙酰胺	ACETAMIDE	60-35-5							
乙酰甲胺磷	ACEPHATE	30560-19-1		0.3		皮			
乙酰水杨酸(阿司匹林)	ACETYLSALICYLIC ACID,Aspirin	50-78-2		5					
3-乙氧基丙酸乙酯	ETHYL-3-ETHOXYPROPIONATE	763-69-9							
2-乙氧基乙醇	2-ETHOXYETHANOL	110-80-5		18	36	皮	8(2ppm)		H
2-乙氧基乙基乙酸酯	2-ETHOXYETHYL ACETATE	111-15-9		30		皮	11(2ppm)		H
钇	YTTRIUM	7440-65-5		1					
钇化合物(按Y计)	YTTRIUM compounds, as Y			1					
异丙胺	ISOPROPYLAMINE	75-31-0		12	24				
异丙醇	ISOPROPYL ALCOHOL(IPA),2-Propanol	67-63-0		350	700				
N-异丙基-N'-苯基对苯二胺	N-ISOPROPYL-N'-PHENYL-p-PHENYLENEDIAMINE	101-72-4							
N-异丙基苯胺	N-ISOPROPYLANILINE	768-52-5		10		皮			
异丙基化磷酸三苯酯	TRIPHENYL PHOSPHATE,isopropylated	68937-41-7							
异丙基缩水甘油醚	ISOPROPYL GLYCIDYL ETHER	4016-14-2							
2-异丙氧基乙醇	2-ISOPROPOXYETHANOL	109-59-1							
异稻瘟净	KITAZIN,o-p	26087-47-8		2	5	皮			
异狄氏剂	ENDRIN	72-20-8							
异丁胺	iso-BUTYLAMINE	78-81-9							

欧盟职业接触限值（EU OELs）			德国职业接触限值（German MAK）					致癌物分类（IARC）	国际化学品安全卡编号（ICSC No.）	中文名称
8h /(mg/m³)	15min /(mg/m³)	备注	8h /(mg/m³)	致癌分类	妊娠风险分类	生殖细胞突变分类	备注			
							H	2B	1177	4-乙烯基环己烯
							H	2B	0820	乙烯基环己烯二氧化物
			98(20ppm)					3	0514	乙烯基甲苯（混合异构体）
									0812	乙烯酮
				3B				2B	0233	乙酰胺
									0748	乙酰甲胺磷
									0822	乙酰水杨酸（阿司匹林）
			610(100ppm)	C			H			3-乙氧基丙酸乙酯
8(2ppm)		皮肤	7.5(2ppm)	B			H		0060	2-乙氧基乙醇
11(2ppm)		皮肤	11(2ppm)	B			H		0364	2-乙氧基乙基乙酸酯
										钇
										钇化合物（按 Y 计）
			12(5ppm)	C					0908	异丙胺
			500(200ppm)	C				3	0554	异丙醇
			2(可吸入颗粒物)				Sh		1108	N-异丙基-N'-苯基对苯二胺
									0909	N-异丙基苯胺
			1(可吸入颗粒物)							异丙基化磷酸三苯酯
									0171	异丙基缩水甘油醚
			43(10ppm)				H		1491	2-异丙氧基乙醇
										异稻瘟净
			0.05(可吸入颗粒物)	C			H	3	1023	异狄氏剂
			6.1(2ppm)	D					1253	异丁胺

中文名称	英文名称	化学文摘号 (CAS No.)	中国职业接触限值 (Chinese OELs)				荷兰职业接触限值 (Dutch OELs)		
			MAC /(mg/m³)	PC-TWA /(mg/m³)	PC-STEL /(mg/m³)	备注	TWA-8h /(mg/m³)	TWA-15min /(mg/m³)	备注
异丁醇	ISOBUTANOL	78-83-1							
异丁醇胺	2-AMINO-2-METHYL-1-PROPANOL	124-68-5							
异丁基乙烯醚	iso-BUTYLVINYL ETHER	109-53-5							
异丁烯	ISOBUTENE	115-11-7							
异佛尔酮	ISOPHORONE	78-59-1	30						
异佛尔酮二异氰酸酯	ISOPHORONE DIISOCYANATE(IPDI)	4098-71-9		0.05	0.1				
异氰酸苯酯	PHENYL ISOCYANATE	103-71-9							
异氰酸甲酯	METHYL ISOCYANATE	624-83-9		0.05	0.08	皮		0.05	
异氰酸乙酯	ETHYL ISOCYANATE	109-90-0							
异戊醇	ISO AMYL ALCOHOL	123-51-3							
异戊二烯	ISOPRENE(2-METHYL-1,3-BUTADIENE)	78-79-5							
异戊烷	ISOPENTANE	78-78-4		500	1000				
异辛醇（混合异构体）	ISOOCTYL ALCOHOL, mixed isomers	26952-21-6							
异亚丙基丙酮	MESITYL OXIDE	141-79-7		60	100				
铟	INDIUM, as In	7440-74-6		0.1	0.3				
铟化合物（按 In 计）	INDIUM compounds, as In	10025-82-8		0.1	0.3				
银金属	SILVER METAL	7440-22-4					0.1		
银可溶化合物（按 Ag 计）	SILVER soluble compounds, as Ag	7761-88-8					0.01		
茚	INDENE	95-13-6		50					
蝇毒磷	COUMAPHOS	56-72-4							
硬脂酸及其盐（可入肺颗粒物）	STEARATES, respirable	57-11-4, 557-05-1, 557-04-0, 822-16-2							
硬脂酸及其盐（可吸入颗粒物）	STEARATES, inhalable	57-11-4, 557-05-1, 557-04-0, 822-16-2							

欧盟职业接触限值 （EU OELs）			德国职业接触限值 （German MAK）					致癌物分类 （IARC）	国际化学品安全卡编号 （ICSC No.）	中文名称
8h /(mg/m³)	15min /(mg/m³)	备注	8h /(mg/m³)	致癌分类	妊娠风险分类	生殖细胞突变分类	备注			
			310（100ppm）						0113	异丁醇
			3.7(1ppm)		C		H		0285	异丁醇胺
			83(20ppm)	D						异丁基乙烯醚
									1027	异丁烯
			11(2ppm)	3B	C				0169	异佛尔酮
			0.046（0.005ppm）	D			Sah		0499	异佛尔酮二异氰酸酯
							Sah		1131	异氰酸苯酯
	(0.02ppm)		0.024（0.01ppm）	D					0004	异氰酸甲酯
										异氰酸乙酯
			73(20ppm)						0798	异戊醇
			8.5(3ppm)					2B	0904	异戊二烯
3000（1000ppm）			3000（1000ppm）						1153	异戊烷
									0497	异辛醇（混合异构体）
			8.1(2ppm)	D			H		0814	异亚丙基丙酮
									1293	铟
									1377	铟化合物（按In计）
0.1			0.1（可吸入颗粒物）						0810	银金属
0.01			0.01（可吸入颗粒物）						1116	银可溶化合物（按Ag计）
										茚
									0422	蝇毒磷
									0568,0987,1403	硬脂酸及其盐（可入肺颗粒物）
									0568,0987,1403	硬脂酸及其盐（可吸入颗粒物）

Y

中文名称	英文名称	化学文摘号 (CAS No.)	中国职业接触限值 (Chinese OELs)				荷兰职业接触限值 (Dutch OELs)		
			MAC /(mg/m³)	PC-TWA /(mg/m³)	PC-STEL /(mg/m³)	备注	TWA-8h /(mg/m³)	TWA-15min /(mg/m³)	备注
硬质金属(含钴和碳化钨)	HARD METALS containing Cobalt and Tungsten carbide	7440-48-4, 12070-12-1							
油酰基肌氨酸	OLEYL SARCOSINE	110-25-8							
铀(天然的)	URANIUM, natural	7440-61-1							
有机汞化合物(按Hg计)	MERCURY organic compounds, as Hg			0.01	0.03	皮			
鱼藤酮	ROTENONE (commercial)	83-79-4							
育畜磷	CRUFOMATE	299-86-5							
月桂酸	LAURIC ACID	143-07-7							
云母	MICA	12001-26-2		2					
樟脑	CAMPHOR, synthetic	76-22-2							
蔗糖	SUCROSE	57-50-1							
正丁胺	n-BUTYLAMINE	109-73-9	15			皮			
正丁基苯	n-BUTYLBENZENE	104-51-8							
正丁基硫醇	n-BUTYL MERCAPTAN	109-79-5		2					
正丁基缩水甘油醚	n-BUTYL GLYCIDYL ETHER	2426-08-6		60					
正丁基锡化合物(以Sn计)	n-BUTYLTIN compounds (as Sn)	818-08-6, 56-35-9							
正庚烷	n-HEPTANE	142-82-5		500	1000		1200 (288ppm)	1600 (384ppm)	
正硅酸甲酯	METHYL SILICATE	681-84-5							
正己烷	n-HEXANE	110-54-3		100	180	皮	72 (20ppm)	144 (40ppm)	
正戊醛	n-VALERALDEHYDE	110-62-3							
直闪石石棉	ASBESTOS anthophyllite	77536-67-5					10000f/m³		
仲丁胺	sec-BUTYLAMINE	13952-84-6							
重氮甲烷	DIAZOMETHANE	334-88-3		0.35	0.7				
D-苧烯	D-LIMONENE	5989-27-5							

注：对于群组物质，如××化合物，拥有众多CAS号，表中所列只是部分，不是全部。

欧盟职业接触限值 （EU OELs）			德国职业接触限值 （German MAK）					致癌物 分类 （IARC）	国际化学 品安全 卡编号 （ICSC No.）	中文名称
8h /(mg/m³)	15min /(mg/m³)	备注	8h /(mg/m³)	致癌 分类	妊娠 风险 分类	生殖 胞突 变 分类	备注			
							H,Sah		0782,1320	硬质金属(含钴和碳化钨)
			0.05(可吸入 颗粒物)							油酰基肌氨酸
							H			铀(天然的)
				3B			H,Sh			有机汞化合物(按Hg计)
							H		0944	鱼藤酮
									1143	育畜磷
			2(可吸入 颗粒物)							月桂酸
										云母
			Iib						1021	樟脑
									1507	蔗糖
			6.1 (2ppm)	C					0374	正丁胺
			56(10ppm)	D			H			正丁基苯
			1.9 (0.5ppm)	C					0018	正丁基硫醇
									0115	正丁基缩水甘油醚
			0.02 (0.004ppm)				H		0256,1282	正丁基锡化合物(以Sn计)
2085 (500ppm)			2100 (500ppm)	D					0657	正庚烷
							Sh		1188	正硅酸甲酯
72 (20ppm)			180 (50ppm)	C					0279	正己烷
									1417	正戊醛
0.1f/ml (强制)								1		直闪石石棉
			6.1 (2ppm)	D					0401	仲丁胺
				2				3	1256	重氮甲烷
			28(5ppm)				H,Sh	3	0918	D-苧烯

Y

6

工作场所空气中粉尘容许浓度（中国）

中文名称	英文名称	化学文摘号 （CAS No.）	PC-TWA /(mg/m³)	
			总尘	呼尘
白云石粉尘	DOLOMITE DUST		8	4
玻璃钢粉尘	FIBERGLASS REINFORCED PLASTIC DUST		3	
茶尘	TEA DUST		2	
沉淀 SiO_2（白炭黑）	PRECIPITATED SILICA DUST	112926-00-8	5	
大理石粉尘	MARBLE DUST	1317-65-3	8	4
电焊烟尘	WELDING FUME		4	
二氧化钛粉尘	TITANIUM DIOXIDE DUST	13463-67-7	8	
沸石粉尘	ZEOLITE DUST		5	
酚醛树脂粉尘	PHENOLIC ALDEHYDE RESIN DUST		6	
谷物粉尘（游离 SiO_2 含量<10%）	GRAIN DUST(free SiO_2<10%)		4	
硅灰石粉尘	WOLLASTONITE DUST	13983-17-0	5	
硅藻土粉尘（游离 SiO_2 含量<10%）	DIATOMITE DUST(free SiO_2<10%)	61790-53-2	6	
滑石粉尘（游离 SiO_2 含量<10%）	TALK DUST(free SiO_2<10%)	14807-96-6	3	1
活性炭尘	ACTIVE CARBON DUST	64365-11-3	5	
聚丙烯粉尘	POLYPROPYLENE DUST		5	
聚丙烯腈纤维粉尘	POLYACRYLONITRILE FIBER DUST		2	
聚氯乙烯粉尘	POLYVINYL CHLORIDE(PVC)DUST	9002-86-2	5	
聚乙烯粉尘	POLYETHYLENE DUST	9002-88-4	5	
铝尘	ALUMINIUM DUST：	7429-90-5		
铝金属、铝合金粉尘	METAL & ALLOYS DUST		3	
氧化铝粉尘	ALUMINIUM OXIDE DUST		4	

续表

中文名称	英文名称	化学文摘号 (CAS No.)	PC-TWA /(mg/m³)	
			总尘	呼尘
麻尘(游离 SiO₂ 含量<10%)	FLAX,JUTE AND RAMIE DUSTS(free SiO₂<10%)			
亚麻	FLAX		1.5	
黄麻	JUTE		2	
苎麻	RAMIE		3	
煤尘(游离 SiO₂ 含量<10%)	COAL DUST(free SiO₂<10%)		4	2.5
棉尘	COTTON DUST		1	
木粉尘	WOOD DUST		3	
凝聚 SiO₂ 粉尘	CONDENSED SILICA DUST		1.5	0.5
膨润土粉尘	BENTONITE DUST	1302-78-9	6	
皮毛粉尘	FUR DUST		8	
人造玻璃质纤维	MAN-MADE VITREOUS FIBER			
玻璃棉粉尘	FIBROUS GLASS DUST		3	
矿渣棉粉尘	SLAG WOOL DUST		3	
岩棉粉尘	ROCK WOOL DUST		3	
桑蚕丝尘	MULBERRY SILK DUST		8	
砂轮磨尘	GRINDING WHEEL DUST		8	
石膏粉尘	GYPSUM DUST	10101-41-4	8	4
石灰石粉尘	LIMESTONE DUST	1317-65-3	8	4
石棉(石棉含量>10%)	ASBESTOS(ASBESTOS>10%)	1332-21-4		
粉尘	DUST		0.8	
纤维	ASBESTOS FIBRE		0.8f/ml	
石墨粉尘	GRAPHITE DUST	7782-42-5	4	2
水泥粉尘(游离 SiO₂ 含量<10%)	CEMENT DUST(free SiO₂<10%)		4	1.5
炭黑粉尘	CARBON BLACK DUST	1333-86-4	4	
碳化硅粉尘	SILICON CARBIDE DUST	409-21-2	8	4
碳纤维粉尘	CARBON FIBRE DUST		3	
硅尘	SILICA DUST	14808-60-7		
10%≤游离 SiO₂ 含量≤50%	10%≤free SiO₂≤50%		1	0.7
50%<游离 SiO₂ 含量≤80%	50%<free SiO₂≤80%		0.7	0.3
游离 SiO₂ 含量>80%	free SiO₂>80%		0.5	0.2

续表

中文名称	英文名称	化学文摘号 (CAS No.)	PC-TWA /(mg/m^3)	
			总尘	呼尘
稀土粉尘(游离 SiO$_2$ 含量<10%)	RARE-EARTH DUST(free SiO$_2$<10%)		2.5	
洗衣粉混合尘	DETERGENT MIXED DUST		1	
烟草尘	TOBACCO DUST		2	
萤石混合性粉尘	FLUORSPAR MIXED DUST		1	0.7
云母粉尘	MICA DUST	12001-26-2	2	1.5
珍珠岩粉尘	PERLITE DUST	93763-70-3	8	4
蛭石粉尘	VERMICULITE DUST		3	
重晶石粉尘	BARITE DUST	7727-43-7	5	
其他粉尘	PARTICLES NOT OTHERWISE REGULATED		8	

7

CAS 号索引

序号	CAS 号	中文名称	英文名称	国际化学品安全卡编号（ICSC No.）
1	50-00-0	甲醛	FORMALDEHYDE	0275,0695
2	50-29-3	滴滴涕（DDT）	DICHLORODIPHENYLTRICHLOROETHANE（DDT）	0034
3	50-32-8	苯并芘	BENZO[a]PYRENE	0104
4	50-78-2	乙酰水杨酸（阿司匹林）	ACETYLSALICYLIC ACID,Aspirin	0822
5	52-68-6	敌百虫	TRICHLORFON	0585
6	53-06-5	考的松	CORTISONE	
7	54-11-5	尼古丁	NICOTINE	0519
8	55-38-9	倍硫磷	FENTHION	0655
9	55-63-0	硝化甘油	NITROGLYCERINE	0186
10	56-23-5	四氯化碳	CARBON TETRACHLORIDE	0024
11	56-38-2	对硫磷	PARATHION	0006
12	56-55-3	苯并蒽	BENZO[a]ANTHRACENE	0385
13	56-72-4	蝇毒磷	COUMAPHOS	0422
14	56-81-5	甘油	GLYCEROL	0624
15	57-13-6	尿素	UREA	0595
16	57-14-7	1,1-二甲基肼	1,1-DIMETHYLHYDRAZINE,unsymmetric	0147
17	57-24-9	马钱子碱	STRYCHNINE	0197
18	57-50-1	蔗糖	SUCROSE	1507
19	57-55-6	丙二醇	PROPYLENE GLYCOL	0321
20	57-57-8	β-丙醇酸内酯	β-PROPIOLACTONE	0555
21	57-74-9	氯丹（原药）	CHLORDANE,technical product	0740
22	58-89-9	γ-六六六	γ-HEXACHLOROCYCLOHEXANE	0053
23	58-89-9	林丹	LINDANE	0053

续表

序号	CAS 号	中文名称	英文名称	国际化学品安全卡编号（ICSC No.）
24	60-09-3	对氨基偶氮苯	*p*-AMINOAZOBENZENE	
25	60-29-7	乙醚	ETHYL ETHER；Diethyl ether	0355
26	60-34-4	甲基肼	METHYLHYDRAZINE	0180
27	60-35-5	乙酰胺	ACETAMIDE	0233
28	60-51-5	乐果	ROGOR(Dimethoate)	0741
29	60-57-1	狄氏剂	DIELDRIN	0787
30	60-80-0	安替比林	ANTIPYRINE	0376
31	61-82-5	杀草强	AMITROLE	0631
32	62-53-3	苯胺	ANILINE	0011
33	62-73-7	敌敌畏	DICHLORVOS	0690
34	62-74-8	氟乙酸钠盐	SODIUM FLUOROACETATE	0484
35	62-75-9	N-亚硝基二甲胺	*N*-NITROSODIMETHYLAMINE	0525
36	63-25-2	甲萘威	CARBARYL	0121
37	64-17-5	乙醇（无水）	ETHANOL(anhydrous)	0044
38	64-18-6	甲酸	FORMIC ACID	0485
39	64-19-7	乙酸	ACETIC ACID	0363
40	65-85-0	苯甲酸	BENZOIC ACID	0103
41	67-56-1	甲醇	METHANOL	0057
42	67-63-0	异丙醇	ISOPROPYL ALCOHOL(IPA)，2-Propanol	0554
43	67-64-1	丙酮	ACETONE	0087
44	67-66-3	三氯甲烷	TRICHLOROMETHANE，Chloroform	0027
45	67-68-5	二甲基亚砜	DIMETHYL SULFOXIDE	0459
46	67-72-1	六氯乙烷	HEXACHLOROETHANE	0051
47	68-11-1	巯基乙酸	MERCAPTOACETIC ACID，Thioglycolic acid	0915
48	68-12-2	二甲基甲酰胺	DIMETHYLFORMAMIDE(DMF)	0457
49	71-23-8	丙醇	*n*-PROPYL ALCOHOL；*n*-Propanol	0553
50	71-36-3	丁醇	BUTYL ALCOHOL，*n*-Butanol	0111
51	71-41-0	戊醇	AMYL ALCOHOL	0535
52	71-43-2	苯	BENZENE	0015
53	71-55-6	三氯乙烷	METHYL CHLOROFORM	0079
54	72-20-8	异狄氏剂	ENDRIN	1023
55	72-43-5	甲氧氯	METHOXYCHLOR	1306

序号	CAS 号	中文名称	英文名称	国际化学品安全卡编号（ICSC No.）
56	74-82-8	甲烷	METHANE	0291
57	74-83-9	溴甲烷	METHYL BROMIDE	0109
58	74-84-0	乙烷	ETHANE	0266
59	74-85-1	乙烯	ETHYLENE	0475
60	74-86-2	乙炔	ACETYLENE	0089
61	74-87-3	氯甲烷	METHYL CHLORIDE	0419
62	74-88-4	碘甲烷	METHYL IODIDE	0509
63	74-89-5	一甲胺	MONOMETHYLAMINE	0178,1483
64	74-90-8	氰化氢(按 CN 计)	HYDROGEN CYANIDE,as CN	0492
65	74-93-1	甲硫醇	METHYL MERCAPTAN	0299
66	74-96-4	溴乙烷	ETHYL BROMIDE	1378
67	74-97-5	氯溴甲烷	CHLOROBROMOMETHANE	0392
68	74-98-6	丙烷	PROPANE	0319
69	74-99-7	丙炔	METHYLACETYLENE	0560
70	75-00-3	氯乙烷	ETHYL CHLORIDE	0132
71	75-01-4	氯乙烯	VINYL CHLORIDE	0082
72	75-02-5	氟乙烯	VINYL FLUORIDE	0598
73	75-04-7	乙胺	ETHYLAMINE	0153,1482
74	75-05-8	乙腈	ACETONITRILE	0088
75	75-07-0	乙醛	ACETALDEHYDE	0009
76	75-08-1	乙硫醇	ETHYL MERCAPTAN	0470
77	75-09-2	二氯甲烷	DICHLOROMETHANE	0058
78	75-12-7	甲酰胺	FORMAMIDE	0891
79	75-15-0	二氧化碳	CARBON DISULFIDE	0022
80	75-18-3	甲硫醚	DIMETHYL SULFIDE	0878
81	75-21-8	环氧乙烷	ETHYLENE OXIDE	0155
82	75-25-2	溴仿	BROMOFORM	0108
83	75-31-0	异丙胺	ISOPROPYLAMINE	0908
84	75-34-3	1,1-二氯乙烷	1,1-DICHLOROETHANE	0249
85	75-35-4	1,1-二氯乙烯	VINYLIDENE CHLORIDE	0083
86	75-38-7	1,1-二氟乙烯	VINYLIDENE FLUORIDE	0687
87	75-43-4	一氟二氯甲烷	DICHLOROFLUOROMETHANE	1106
88	75-44-5	光气	PHOSGENE	0007

续表

序号	CAS 号	中文名称	英文名称	国际化学品安全卡编号（ICSC No.）
89	75-45-6	二氟氯甲烷	CHLORODIFLUOROMETHANE	0049
90	75-47-8	碘仿	IODOFORM	
91	75-50-3	三甲胺	TRIMETHYLAMINE	0206,1484
92	75-52-5	硝基甲烷	NITROMETHANE	0522
93	75-55-8	丙烯亚胺	PROPYLENEIMINE	0322
94	75-56-9	环氧丙烷	PROPYLENE OXIDE	0192
95	75-61-6	二氟二溴甲烷	DIBROMODIFLUOROMETHANE	1419
96	75-63-8	三氟一溴甲烷	TRIFLUOROBROMOMETHANE	0837
97	75-64-9	叔丁胺	*tert*-BUTYLAMINE	
98	75-65-0	叔丁醇	*tert*-BUTANOL	0114
99	75-68-3	二氟一氯乙烷	1-CHLORO-1,1-DIFLUOROETHANE(FC-142b)	0643
100	75-69-4	三氯氟甲烷	TRICHLOROFLUOROMETHANE	0047
101	75-71-8	二氯二氟甲烷	DICHLORODIFLUOROMETHANE	0048
102	75-72-9	三氟氯甲烷(FC-13)	CHLOROTRIFLUOROMETHANE(FC-13)	0420
103	75-74-1	四甲基铅	TETRAMETHYL LEAD	0200
104	75-78-5	二甲基二氯硅烷	DIMETHYLDICHLORO SILANE	0870
105	75-83-2	N,N-二甲基丁烷	N,N-DIMETHYLBUTANE	
106	75-86-5	丙酮氰醇(按 CN 计)	ACETONE CYANOHYDRIN, as CN	0611
107	75-87-6	三氯乙醛	TRICHLOROACETALDEHYDE	
108	75-99-0	2,2-二氯丙酸	2,2-DICHLOROPROPIONIC ACID	1509
109	76-01-7	五氯乙烷	PENTACHLOROETHANE	1394
110	76-03-9	三氯乙酸	TRICHLOROACETIC ACID	0586
111	76-06-2	氯化苦	CHLOROPICRIN	0750
112	76-11-9	1,1,1,2-四氯-2,2-二氟乙烷	1,1,1,2-TETRACHLORO-2,2-DIFLUOROETHANE	1420
113	76-12-0	1,1,2,2-四氯-1,2-二氟乙烷	1,1,2,2-TETRACHLORO-1,2-DIFLUOROETHANE	1421
114	76-13-1	1,2,2-三氟-1,1,2-三氯乙烷	1,1,2-TRICHLORO-1,2,2-TRIFLUOROETHANE	0050
115	76-14-2	四氟二氯乙烷	DICHLOROTETRAFLUOROETHANE	0649
116	76-15-3	五氟氯乙烷	CHLOROPENTAFLUOROETHANE	0848
117	76-22-2	樟脑	CAMPHOR, synthetic	1021
118	76-44-8	七氯	HEPTACHLOR	0743
119	76-87-9	苯基锡化合物	PHENYLTIN compounds	1283
120	77-47-4	六氯环戊二烯	HEXACHLOROCYCLOPENTADIENE	1096

序号	CAS 号	中文名称	英文名称	国际化学品安全卡编号（ICSC No.）
121	77-58-7	二月桂酸二丁基锡	DIBUTYLTIN DILAURATE	1171
122	77-73-6	二聚环戊二烯	DICYCLOPENTADIENE	0873
123	77-78-1	硫酸二甲酯	DIMETHYL SULFATE	0148
124	77-92-9	柠檬酸	CITRIC ACID	0855
125	78-00-2	四乙基铅（按 Pb 计）	TETRAETHYL LEAD，as Pb	0008
126	78-10-4	硅酸四乙酯	TETRA ETHYL SILICATE	0333
127	78-30-8	磷酸邻三甲苯酯	TRIORTHOCRESYL PHOSPHATE	0961
128	78-34-2	敌杀磷	DIOXATHION	0883
129	78-59-1	异佛尔酮	ISOPHORONE	0169
130	78-78-4	异戊烷	ISOPENTANE	1153
131	78-79-5	异戊二烯	ISOPRENE（2-METHYL-1，3-BUTADIENE）	0904
132	78-81-9	异丁胺	iso-BUTYLAMINE	1253
133	78-83-1	异丁醇	ISOBUTANOL	0113
134	78-87-5	1，2-二氯丙烷	1，2-DICHLOROPROPANE；Propylene dichloride	0441
135	78-89-7	2-氯-1-丙醇	2-CHLORO-1-PROPANOL	
136	78-92-2	2-丁醇	sec-BUTANOL；2-Butanol	0112
137	78-93-3	丁酮	BUTANONE；Methyl Ethyl Ketone	0179
138	78-94-4	甲基乙烯基酮	METHYL VINYL KETONE	1495
139	78-95-5	氯丙酮	CHLOROACETONE	0760
140	79-00-5	1，1，2-三氯乙烷	1，1，2-TRICHLOROETHANE	0080
141	79-01-6	三氯乙烯	TRICHLOROETHYLENE	0081
142	79-04-9	氯乙酰氯	CHLOROACETYL CHLORIDE	0845
143	79-06-1	丙烯酰胺	ACRYLAMIDE	0091
144	79-09-4	丙酸	PROPIONIC ACID	0806
145	79-10-7	丙烯酸	ACRYLIC ACID	0688
146	79-11-8	氯乙酸	CHLOROACETIC ACID	0235
147	79-20-9	乙酸甲酯	METHYL ACETATE	0507
148	79-21-0	过氧乙酸	PERACETIC ACID	1031
149	79-22-1	氯甲酸甲酯	CHLOROFORMIC ACID METHYLESTER	1110
150	79-24-3	硝基乙烷	NITROETHANE	0817
151	79-27-6	1，1，2，2-四溴乙烷	1，1，2，2-TETRABROMOETHANE	1235
152	79-29-8	2，3-二甲基丁烷	2，3-DIMETHYLBUTANE	
153	79-34-5	1，1，2，2-四氯乙烷	1，1，2，2-TETRACHLOROETHANE	0332

序号	CAS 号	中文名称	英文名称	国际化学品安全卡编号（ICSC No.）
154	79-41-4	甲基丙烯酸	METHACRYLIC ACID	0917
155	79-43-6	二氯乙酸	DICHLOROACETIC ACID	0868
156	79-44-7	二甲氨基甲酰氯	DIMETHYL CARBAMOYL CHLORIDE	
157	79-46-9	2-硝基丙烷	2-NITROPROPANE	0187
158	80-05-7	双酚 A	BISPHENOL A	0634
159	80-51-3	p,p'-氧双苯磺酰肼	p,p'-OXYBIS（BENZENESULFONYL HYDRAZIDE）	1285
160	80-62-6	甲基丙烯酸甲酯	METHYL METHACRYLATE	0300
161	81-81-2	杀鼠灵	WARFARIN	0821
162	82-68-8	五氯硝基苯	PENTACHLORONITROBENZENE	0745
163	83-26-1	杀鼠酮	PINDONE	1515
164	83-79-4	鱼藤酮	ROTENONE（commercial）	0944
165	84-66-2	邻苯二甲酸二乙酯	DIETHYL PHTHALATE	0258
166	84-74-2	邻苯二甲酸二丁酯	DIBUTYL PHTHALATE	0036
167	85-00-7	二溴敌草快（可吸入）	DIQUAT DIBROMDE,inhalable	1363
168	85-00-7	二溴敌草快（可入肺）	DIQUAT DIBROMIDE,respirable	1363
169	85-44-9	邻苯二甲酸酐	PHTHALIC ANHYDRIDE	0315
170	85-68-7	邻苯二甲酸丁苄酯	BENZYLBUTYL PHTHALATE	0834
171	86-50-0	谷硫磷	AZINPHOS-METHYL	0826
172	86-88-4	安妥	ANTU	0973
173	87-61-6	1,2,3-三氯苯	1,2,3-TRICHLOROBENZENE	1222
174	87-68-3	六氯丁二烯	HEXACHLOROBUTADIENE	0896
175	88-12-0	1-乙烯基-2-吡咯烷酮	1-VINYL-2-PYRROLIDONE	1478
176	88-89-1	苦味酸	PICRIC ACID	0316
177	89-72-5	邻仲丁基苯酚	$o\text{-}sec$-BUTYLPHENOL	1472
178	90-04-0	邻茴香胺	o-ANISIDINE	0970
179	90-13-1	氯萘	CHLORONAPHTHALENE	1707
180	91-15-6	邻苯二甲酸二腈	o-PHTHALODINITRILE	0670
181	91-17-8	萘烷	DECALIN；Decahydronaphthalene	1548
182	91-20-3	萘	NAPHTHALENE	0667
183	91-59-8	2-萘胺	2-NAPHTHYLAMINE	0610
184	91-94-1	3,3′-二氯联苯胺	3,3′-DICHLOROBENZIDINE	0481
185	92-52-4	联苯	BIPHENYL	0106

序号	CAS 号	中文名称	英文名称	国际化学品安全卡编号（ICSC No.）
186	92-67-1	4-氨基联苯	4-AMINODIPHENYL	0759
187	92-84-2	吩噻嗪	PHENOTHIAZINE	0937
188	92-87-5	联苯胺	BENZIDINE	0224
189	92-93-3	4-硝基联苯	4-NITRODIPHENYL	1395
190	93-76-5	2,4,5-三氯苯氧乙酸	2,4,5-T	0075
191	94-36-0	过氧化苯甲酰	BENZOYL PEROXIDE	0225
192	94-75-7	2,4-滴	2,4-D	0033
193	95-13-6	茚	INDENE	
194	95-49-8	2-氯甲苯	2-CHLOROTOLUENE	1458
195	95-50-1	1,2-二氯苯	1,2-DICHLOROBENZENE	1066
196	95-53-4	邻甲苯胺	*o*-TOLUIDINE	0341
197	95-54-5	邻苯二胺	*o*-PHENYLENEDIAMINE	1441
198	95-63-6	1,2,4-三甲基苯	1,2,4-TRIMETHYLBENZENE	1433
199	95-69-2	2-氨基-5-氯甲苯	2-AMINO-5-CHLOROTOLUENE	0630
200	95-85-2	2-氨基-4-氯苯酚	2-AMINO-4-CHLOROPHENOL	1652
201	96-14-0	3-甲基戊烷	3-METHYL PENTANE	1263
202	96-18-4	1,2,3-三氯丙烷	1,2,3-TRICHLOROPROPANE	0683
203	96-20-8	2-氨基丁醇	2-AMINOBUTANOL	
204	96-22-0	二乙基甲酮	DIETHYL KETONE	0874
205	96-23-1	1,3-二氯丙醇	1,3-DICHLOROPROPANOL	1711
206	96-24-2	3-氯-1,2-丙二醇	3-CHLORO-1,2-PROPANEDIOL（*α*-CHLORO-HYDRIN）	1664
207	96-33-3	丙烯酸甲酯	METHYL ACRYLATE	0625
208	96-34-4	氯乙酸甲酯	CHLOROACETIC ACID METHYLESTER	1410
209	96-37-7	甲基环戊烷	METHYLCYCLOPENTANE	
210	96-69-5	4,4′-硫代双（6-叔丁基间甲酚）	4,4′-THIOBIS（6-*tert*-BUTYL-*m*-CRESOL）	
211	97-56-3	邻氨基偶氮甲苯	*o*-AMINOAZOTOLUENE	
212	97-77-8	双硫醒	DISULFIRAM	1438
213	98-00-0	糠醇	FURFURYL ALCOHOL	0794
214	98-01-1	糠醛	FURFURAL	0276
215	98-07-7	三氯甲苯	BENZOTRICHLORIDE	0105
216	98-51-1	对叔丁基甲苯	*p-tert*-BUTYLTOLUENE	1068
217	98-54-4	对叔丁基苯酚	*p-tert*-BUTYLPHENOL	0637

续表

序号	CAS 号	中文名称	英文名称	国际化学品安全卡编号（ICSC No.）
218	98-82-8	枯烯	CUMENE	0170
219	98-83-9	α-甲基苯乙烯	α-METHYLSTYRENE	0732
220	98-86-2	苯乙酮	ACETOPHENONE	1156
221	98-88-4	苯甲酰氯	BENZOYL CHLORIDE	1015
222	98-95-3	硝基苯	NITROBENZENE	0065
223	99-55-8	4-硝基-2-氨基甲苯	5-NITRO-o-TOLUIDINE	
224	100-00-5	对硝基氯苯	p-NITROCHLOROBENZENE	0846
225	100-01-6	对硝基苯胺	p-NITROANILINE	0308
226	100-21-0	对苯二甲酸	TEREPHTHALIC ACID	0330
227	100-37-8	2-二乙氨基乙醇	2-DIETHYLAMINOETHANOL	0257
228	100-40-3	4-乙烯基环己烯	4-VINYL CYCLOHEXENE	1177
229	100-41-4	乙苯	ETHYLBENZENE	0268
230	100-42-5	苯乙烯单体	STYRENE, monomer	0073
231	100-44-7	苄基氯	BENZYL CHLORIDE	0016
232	100-51-6	苄醇	BENZYL ALCOHOL	0833
233	100-61-8	N-甲苯胺	N-METHYLANILINE	0921
234	100-63-0	苯肼	PHENYLHYDRAZINE	0938
235	100-74-3	N-乙基吗啉	N-ETHYLMORPHOLINE	0480
236	100-80-1	3-甲基苯乙烯	3-METHYL STYRENE	0734
237	101-14-4	4,4'-亚甲基双(2-氯苯胺)	4,4'-METHYLENE BIS(2-CHLOROANILINE)	0508
238	101-68-8	二苯基甲烷二异氰酸酯	DIPHENYLMETHANE DIISOCYANATE; Methylene bisphenyl isocyanate	0298
239	101-72-4	N-异丙基-N'-苯基对苯二胺	N-ISOPROPYL-N'-PHENYL-p-PHENYLENE-DIAMINE	1108
240	101-77-9	4,4'-亚甲基双苯胺	4,4'-METHYLENEDIANILINE	1111
241	101-84-8	苯基醚(二苯醚)	PHENYL ETHER, vapour	0791
242	102-54-5	二茂铁	DICYCLOPENTADIENYL IRON; Ferrocene	1512
243	102-71-6	三乙醇胺	TRIETHANOLAMINE	1034
244	102-81-8	2-N-二丁氨基乙醇	2-N-DIBUTYLAMINOETHANOL	1418
245	103-09-3	2-乙基己基酯	2-ETHYLHEXYL ACETATE	
246	103-11-7	2-乙基己基丙烯酸酯	ACRYLIC ACID 2-ETHYLHEXYL ETHER	0478
247	103-71-9	异氰酸苯酯	PHENYL ISOCYANATE	1131
248	104-51-8	正丁基苯	n-BUTYLBENZENE	
249	104-76-7	2-乙基己醇	2-ETHYL-1-HEXANOL	0890

序号	CAS 号	中文名称	英文名称	国际化学品安全卡编号（ICSC No.）
250	104-94-9	对茴香胺	*p*-ANISIDINE	0971
251	105-60-2	己内酰胺	CAPROLACTAM	0118
252	106-35-4	乙基正丁基甲酮	ETHYL BUTYL KETONE	0889
253	106-46-7	1,4-二氯苯	1,4-DICHLOROBENZENE	0037
254	106-49-0	对甲苯胺	*p*-TOLUIDINE	0343
255	106-50-3	对苯二胺	*p*-PHENYLENEDIAMINE	0805
256	106-51-4	对苯醌	QUINONE	0779
257	106-87-6	乙烯基环己烯二氧化物	VINYL CYCLOHEXENE DIOXIDE	0820
258	106-89-8	环氧氯丙烷	EPICHLOROHYDRIN	0043
259	106-91-2	甲基丙烯酸缩水甘油酯	GLYCIDYL METHACRYLATE	1679
260	106-92-3	烯丙基缩水甘油醚	ALLYL GLYCIDYL ETHER	0096
261	106-93-4	二溴乙烷	ETHYLENE DIBROMIDE	0045
262	106-94-5	1-溴丙烷	1-BROMOPROPANE	1332
263	106-95-6	烯丙基溴	ALLYL BROMIDE	
264	106-99-0	1,3-丁二烯	1,3-BUTADIENE	0017
265	107-02-8	丙烯醛	ACROLEIN	0090
266	107-05-1	烯丙基氯	ALLYL CHLORIDE	0010
267	107-06-2	1,2-二氯乙烷	1,2-DICHLOROETHANE；Ethylene dichloride	0250
268	107-07-3	氯乙醇	ETHYLENE CHLOROHYDRIN	0236
269	107-13-1	丙烯腈	ACRYLONITRILE	0092
270	107-15-3	乙二胺	ETHYLENEDIAMINE	0269
271	107-18-6	丙烯醇	ALLYL ALCOHOL	0095
272	107-19-7	炔丙醇	PROPARGYL ALCOHOL	0673
273	107-20-0	氯乙醛	CHLOROACETALDEHYDE	0706
274	107-21-1	乙二醇(蒸气)	ETHYLENE GLYCOL, vapour	0270
275	107-21-1	乙二醇(可吸入气溶胶)	ETHYLENE GLYCOL, inhalable, aerosol	0270
276	107-22-2	乙二醛	GLYOXAL	1162
277	107-25-5	甲基乙烯基醚	METHYL VINYL ETHER	
278	107-30-2	氯甲甲醚	CHLOROMETHYL METHYL ETHER	0238
279	107-31-3	甲酸甲酯	METHYL FORMATE	0664
280	107-41-5	己二醇蒸气	HEXYLENE GLYCOL vapour	0660
281	107-41-5	己二醇可吸入气溶胶	HEXYLENE GLYCOL inhalable, aerosol	0660
282	107-49-3	特普	TETRAETHYL PYROPHOSPHATE	1158

序号	CAS 号	中文名称	英文名称	国际化学品安全卡编号（ICSC No.）
283	107-66-4	磷酸二丁酯	DIBUTYL PHOSPHATE	1278
284	107-83-5	2-甲基戊烷	2-METHYL PENTANE	1262
285	107-87-9	甲基丙基酮	METHYL PROPYL KETONE	0816
286	107-98-2	1-甲氧基-2-丙醇	1-METHOXY-2-PROPANOL	0551
287	108-03-2	1-硝基丙烷	1-NITROPROPANE	1050
288	108-05-4	乙酸乙酯	VINYL ACETATE	0347
289	108-10-1	甲基异丁基酮	METHYL ISOBUTYL KETONE	0511
290	108-11-2	甲基异丁基甲醇	METHYL ISOBUTYL CARBINOL	0665
291	108-18-9	二异丙胺	DIISOPROPYLAMINE	0449
292	108-20-3	二异丙基醚	DIISOPROPYL ETHER	0906
293	108-21-4	乙酸异丙酯	ISOPROPYL ACETATE	0907
294	108-22-5	乙酸异丙烯酯	ISOPROPENYL ACETATE	
295	108-24-7	乙酐	ACETIC ANHYDRIDE	0209
296	108-31-6	马来酸酐	MALEIC ANHYDRIDE	0799
297	108-44-1	间甲苯胺	*m*-TOLUIDINE	0342
298	108-45-2	间苯二胺	*m*-PHENYLENEDIAMINE	1302
299	108-46-3	间苯二酚	RESORCINOL	1033
300	108-65-6	丙二醇一甲醚乙酸酯	2-METHOXY-1-METHYLETHYL ACETATE	0800
301	108-67-8	均三甲苯	MESITYLENE	1155
302	108-70-3	1,3,5-三氯苯	1,3,5-TRICHLOROBENZENE	0344
303	108-83-8	二异丁基甲酮	DIISOBUTYL KETONE	0713
304	108-84-9	1,3-二甲基丁基乙酸酯（仲-乙酸己酯）	1,3-DIMETHYLBUTYL ACETATE,sec-Hexylacetate	1335
305	108-87-2	甲基环己烷	METHYLCYCLOHEXANE	0923
306	108-88-3	甲苯	TOLUENE	0078
307	108-90-7	氯苯	CHLOROBENZENE	0642
308	108-91-8	环己胺	CYCLOHEXYLAMINE	0245
309	108-93-0	环己醇	CYCLOHEXANOL	0243
310	108-94-1	环己酮	CYCLOHEXANONE	0425
311	108-95-2	苯酚	PHENOL	0070
312	108-98-5	苯硫酚	PHENYL MERCAPTAN	0463
313	109-53-5	异丁基乙烯醚	*iso*-BUTYLVINYL ETHER	
314	109-59-1	2-异丙氧基乙醇	2-ISOPROPOXYETHANOL	1491

序号	CAS 号	中文名称	英文名称	国际化学品安全卡编号（ICSC No.）
315	109-60-4	乙酸丙酯	*n*-PROPYL ACETATE	0940
316	109-73-9	正丁胺	*n*-BUTYLAMINE	0374
317	109-79-5	正丁基硫醇	*n*-BUTYL MERCAPTAN	0018
318	109-86-4	甲氧基乙醇	2-METHOXYETHANOL	0061
319	109-87-5	甲缩醛	DIMETHOXYMETHANE	1152
320	109-89-7	二乙胺	DIETHYLAMINE	0444
321	109-90-0	异氰酸乙酯	ETHYL ISOCYANATE	
322	109-94-4	甲酸乙酯	ETHYL FORMATE	0623
323	109-99-9	四氢呋喃	TETRAHYDROFURAN	0578
324	110-00-9	呋喃	FURAN	1257
325	110-01-0	四氢噻吩	TETRAHYDROTHIOPHENE(THT)	0677
326	110-12-3	甲基异戊基(甲)酮	METHYL ISOAMYL KETONE	0815
327	110-19-0	乙酸异丁酯	ISOBUTYL ACETATE	0494
328	110-25-8	油酰基肌氨酸	OLEYL SARCOSINE	
329	110-43-0	甲基正戊酮	METHYL *n*-AMYL KETONE	0920
330	110-49-6	2-甲氧基乙基乙酸酯	2-METHOXYETHYL ACETATE	0476
331	110-54-3	正己烷	*n*-HEXANE	0279
332	110-62-3	正戊醛	*n*-VALERALDEHYDE	1417
333	110-65-6	2-丁炔-1,4-二醇	BUT-2-YNE-1,4-DIOL	1733
334	110-80-5	2-乙氧基乙醇	2-ETHOXYETHANOL	0060
335	110-82-7	环己烷	CYCLOHEXANE	0242
336	110-83-8	环己烯	CYCLOHEXENE	1054
337	110-85-0	哌嗪及其盐	PIPERAZINE, and salts	1032
338	110-86-1	吡啶	PYRIDINE	0323
339	110-91-8	吗啉	MORPHOLINE	0302
340	111-15-9	2-乙氧基乙基乙酸酯	2-ETHOXYETHYL ACETATE	0364
341	111-30-8	戊二醛	GLUTARALDEHYDE	0158,0352
342	111-40-0	二亚乙基三胺	DIETHYLENETRIAMINE	0620
343	111-42-2	二乙醇胺	DIETHANOLAMINE	0618
344	111-44-4	二(2-氯乙基)醚	BIS(2-CHLOROETHYL)ETHER	0417
345	111-46-6	二甘醇	DIETHYLENE GLYCOL	0619
346	111-65-9	辛烷	OCTANE	0933,0496
347	111-69-3	己二腈	ADIPONITRILE	0211

序号	CAS 号	中文名称	英文名称	国际化学品安全卡编号（ICSC No.）
348	111-76-2	乙二醇一丁醚	2-BUTOXYETHANOL	0059
349	111-77-3	2-(2-甲氧基乙氧基)乙醇	2-(2-METHOXYETHOXY)ETHANOL	0040
350	111-84-2	壬烷	NONANE	1245
351	111-87-5	1-辛醇	1-OCTANOL	1030
352	111-90-0	二甘醇单乙醚	DIETHYLENE GLYCOL MONOETHYL ETHER	0039
353	111-96-6	二乙二醇二甲醚	DIETHYLENE GLYCOL DIMETHYL ETHER	1357
354	112-07-2	2-丁氧乙基乙酸酯	2-BUTOXYETHYL ACETATE	0839
355	112-27-6	三甘醇	TRIETHYLENE GLYCOL	1160
356	112-30-1	1-癸醇	1-DECANOL; Decyl alcohol	1490
357	112-34-5	二甘醇一丁醚	DIETHYLENE GLYCOL MONOBUTYL ETHER	0788
358	112-35-6	三甘醇单甲醚	TRIETHYLENE GLYCOL MONOMETHYL ETHER	1291
359	112-55-0	1-十二烷基硫醇	DODECYL MERCAPTAN	0042
360	114-26-1	残杀威	PROPOXUR	0191
361	115-07-1	丙烯	PROPYLENE	0559
362	115-10-6	二甲醚	DIMETHYL ETHER	0454
363	115-11-7	异丁烯	ISOBUTENE	1027
364	115-29-7	硫丹	ENDOSULFAN	0742
365	115-77-5	季戊四醇	PENTAERYTHRITOL	1383
366	115-86-6	三苯基磷酸酯	TRIPHENYL PHOSPHATE	1062
367	115-90-2	丰索磷	FENSULFOTHION	1406
368	116-14-3	四氟乙烯	TETRAFLUOROETHYLENE	
369	116-15-4	六氟丙烯	HEXAFLUOROPROPYLENE	
370	117-79-3	2-氨基蒽醌	2-AMINOANTHRAQUINONE	1579
371	117-81-7	邻苯二甲酸二辛酯	DI(2-ETHYLHEXYL)PHTHALATE(DEHP)	0271
372	118-52-5	1,3-二氯-5,5-二甲基乙内酰脲	1,3-DICHLORO-5,5-DIMETHYLHYDANTOIN	
373	118-74-1	六氯苯	HEXACHLOROBENZENE	0895
374	118-96-7	2,4,6-三硝基甲苯	2,4,6-TRINITROTOLUENE	0967
375	119-64-2	1,2,3,4-四氢化萘	1,2,3,4-TETRAHYDRONAPHTHALENE	1527
376	119-93-7	3,3'-二甲基联苯胺	3,3'-DIMEHYLBENZIDINE; o-Tolidine	0960
377	120-80-9	邻苯二酚	CATECHOL	0411
378	120-82-1	1,2,4-三氯苯	1,2,4-TRICHLOROBENZENE	1049

序号	CAS 号	中文名称	英文名称	国际化学品安全卡编号（ICSC No.）
379	121-44-8	三乙胺	TRIETHYLAMINE	0203
380	121-45-9	亚磷酸三甲酯	TRIMETHYL PHOSPHITE	1556
381	121-69-7	二甲基苯胺	DIMETHYLANILINE	0877
382	121-75-5	马拉硫磷	MALATHION	0172
383	121-82-4	三次甲基三硝基胺（黑索今）	CYCLONITE(RDX)	1641
384	121-91-5	间苯二甲酸	*m*-PHTHALIC ACID	0500
385	122-14-5	杀螟松	SUMITHION	0622
386	122-34-9	西玛津	SIMAZINE	0699
387	122-39-4	二苯胺	DIPHENYLAMINE	0466
388	122-60-1	缩水甘油苯基醚	PHENYL GLYCIDIL ETHER	0188
389	122-99-6	乙二醇一苯醚	2-PHENOXYETHANOL	0538
390	123-19-3	二丙基酮	DIPROPYL KETONE	1414
391	123-31-9	氢醌	HYDROQUINONE	0166
392	123-38-6	丙醛	PROPIONALDEHYDE	0550
393	123-42-2	双丙酮醇	DIACETONE ALCOHOL	0647
394	123-51-3	异戊醇	ISO AMYL ALCOHOL	0798
395	123-54-6	2,4-戊二酮	2,4-PENTANEDIONE	0533
396	123-72-8	丁醛	BUTYLALDEHYDE	0403
397	123-77-3	偶氮二甲酰胺	AZODICARBONAMIDE	0380
398	123-91-1	1,4-二噁烷	1,4-DIOXANE	0041
399	123-92-2	3-甲基丁基乙酸酯	3-METHYLBUTYL ACETATE	0356
400	124-04-9	己二酸	ADIPIC ACID	0369
401	124-09-4	1,6-己二胺	1,6-HEXANEDIAMINE	0659
402	124-17-4	二乙二醇单丁基醚乙酸酯	DIETHYLENE GLYCOL MONOBUTYL ETHER ACETATE	0789
403	124-38-9	二氧化碳	CARBON DIOXIDE	0021
404	124-40-3	二甲胺	DIMETHYLAMINE	0260,1485
405	124-64-1	四羟甲基氯化磷	TETRAKIS(HYDROXYMETHYL) PHOSPHONIUM CHLORIDE	
406	124-68-5	异丁醇胺	2-AMINO-2-METHYL-1-PROPANOL	0285
407	126-73-8	磷酸三丁酯	TRIBUTYL PHOSPHATE	0584
408	126-98-7	甲基丙烯腈	METHYLACRYLONITRILE	0652
409	126-99-8	β-氯丁二烯	β-CHLOROPRENE	0133
410	127-00-4	1-氯-2-丙醇	1-CHLORO-2-PROPANOL	

序号	CAS 号	中文名称	英文名称	国际化学品安全卡编号（ICSC No.）
411	127-18-4	四氯乙烯	TETRACHLOROETHYLENE	0076
412	127-19-5	N,N-二甲基乙酰胺	N,N-DIMETHYLACETAMIDE	0259
413	128-37-0	2,6-二叔丁基对甲酚	BUTYLATED HYDROXYTOLUENE	0841
414	131-11-3	邻苯二甲酸二甲酯	DIMETHYL PHTHALATE	0261
415	132-27-4	邻苯基苯酚钠	SODIUM o-PHENYLPHENOL	
416	133-06-2	克菌丹	CAPTAN	0120
417	133-07-3	灭菌丹	FOLPET	0156
418	133-37-9	酒石酸	TARTARIC ACID	0772
419	135-88-6	苯基-β-萘胺	N-PHENYL-β-NAPHTHYLAMINE	0542
420	136-78-7	赛松钠	SESONE	1142
421	137-05-3	2-氰基丙烯酸甲酯	METHYL 2-CYANOACRYLATE	1272
422	137-26-8	福美双	THIRAM	0757
423	137-30-4	福美锌	ZIRAM	0348
424	138-22-7	乳酸正丁酯	n-BUTYL LACTATE	
425	140-11-4	乙酸苄酯	BENZYL ACETATE	1331
426	140-66-9	4-叔辛基苯酚	4-tert-OCTYLPHENOL	
427	140-88-5	丙烯酸乙酯	ETHYL ACRYLATE	0267
428	141-32-2	丙烯酸正丁酯	n-BUTYL ACRYLATE	0400
429	141-43-5	乙醇胺	ETHANOLAMINE；2-Aminoethanol	0152
430	141-66-2	百治磷	DICROTOPHOS	0872
431	141-78-6	乙酸乙酯	ETHYL ACETATE	0367
432	141-79-7	异亚丙基丙酮	MESITYL OXIDE	0814
433	142-82-5	正庚烷	n-HEPTANE	0657
434	143-07-7	月桂酸	LAURIC ACID	
435	143-33-9	氰化钠（按 CN 计）	SODIUM CYANIDE，as CN	1118
436	144-62-7	草酸	OXALIC ACID	0529
437	148-01-6	二硝托胺	3,5-DINITRO-o-TOLUAMIDE	1552
438	148-18-5	N,N-二乙基二硫代氨基甲酸钠	N,N-SODIUM DIETHYLDITHIOCARBAMATE	0446
439	148-79-8	噻苯咪唑	THIABENDAZOLE	
440	149-30-4	2-巯基苯并噻唑	2-MERCAPTOBENZOTHIAZOLE	1183
441	149-57-5	2-乙基己酸	2-ETHYLHEXANOIC ACID	0477
442	150-76-5	4-甲氧基苯酚	4-METHOXYPHENOL	1097
443	151-50-8	氰化钾	POTASSIUM CYANIDE	0671

续表

序号	CAS 号	中文名称	英文名称	国际化学品安全卡编号（ICSC No.）
444	151-56-4	吖丙啶	ETHYLENEIMINE	0100
445	151-67-7	氟烷	HALOTHANE	0277
446	156-62-7	氰氨化钙	CALCIUM CYANAMIDE	1639
447	205-99-2	苯并[b]荧蒽	BENZO[b]FLUORANTHENE	0720
448	218-01-9	䓛	CHRYSENE	1672
449	287-92-3	环戊烷	CYCLOPENTANE	0353
450	298-00-0	甲基对硫磷	METHYL PARATHION	0626
451	298-02-2	甲拌磷	THIMET；Phorate	1060
452	298-04-4	乙拌磷	DISULFOTON	1408
453	299-84-3	皮蝇磷	RONNEL	0975
454	299-86-5	育畜磷	CRUFOMATE	1143
455	300-76-5	二溴磷	NALED	0925
456	302-01-2	肼	HYDRAZINE	0281
457	309-00-2	艾氏剂	ALDRIN	0774
458	314-40-9	除草定	BROMACIL	1448
459	319-84-6	α-六六六	α-HEXACHLOROCYCLOHEXANE	0795
460	319-85-7	β-六六六	β-HEXACHLOROCYCLOHEXANE	0796
461	330-54-1	敌草隆	DIURON	
462	333-41-5	二嗪农	DIAZINON	0137
463	334-88-3	重氮甲烷	DIAZOMETHANE	1256
464	335-67-1	全氟辛酸铵及其无机盐	PERFLUOROOCTANOIC ACID（PFOA），and its inorganic salts	1613
465	353-50-4	羰基氟	CARBONYL FLUORIDE	0633
466	382-21-8	全氟异丁烯	PERFLUOROISOBUTYLENE	1216
467	409-21-2	碳化硅（非纤维，可吸入颗粒物）	SILICON CARBIDE，nonfibrous，inhalable	1061
468	409-21-2	碳化硅（非纤维，可入肺颗粒物）	SILICON CARBIDE，nonfibrous，respirable	1061
469	409-21-2	碳化硅（纤维，含有晶须）	SILICON CARBIDE，fibrous（including whiskers）	1061
470	420-04-2	胺腈	CYANAMIDE	0424
471	431-03-8	2,3-丁二酮	2,3-BUTANEDIONE；Diacetyl	1168
472	460-19-5	氰	CYANOGEN	1390
473	463-51-4	乙烯酮	KETENE	0812
474	463-58-1	羰基硫	CARBONYL SULFIDE	
475	463-82-1	新戊烷	NEOPENTANE	1773

序号	CAS 号	中文名称	英文名称	国际化学品安全卡编号（ICSC No.）
476	479-45-8	特屈儿	TETRYL	0959
477	497-19-8	碳酸钠(无水)	SODIUM CARBONATE, anhydrous	1135
478	504-29-0	2-氨基吡啶	2-AMINOPYRIDINE	0214
479	505-60-2	芥子气	BIS（beta-CHLOROETHYL）SULFIDE（mustard gas）	0418
480	506-68-3	溴化氰	CYANOGEN BROMIDE	0136
481	506-77-4	氯化氰	CYANOGEN CHLORIDE	1053
482	509-14-8	四硝基甲烷	TETRANITROMETHANE	1468
483	526-73-8	1,2,3-三甲基苯	1,2,3-TRIMETHYLBENZENE	1362
484	532-27-4	α-氯乙酰苯	α-CHLOROACETOPHENONE	0128
485	534-52-1	4,6-二硝基邻苯甲酚	4,6-DINITRO-o-CRESOL	0462
486	540-59-0	1,2-二氯乙烯	1,2-DICHLOROETHYLENE	0436
487	540-73-8	1,2-二甲基肼	1,2-DIMETHYLHYDRAZINE	1662
488	540-84-1	三甲基戊烷(全部异构体)	TRIMETHYLPENTANE, all isomers	0496
489	540-88-5	乙酸叔丁酯	tert-BUTYL ACETATE	1445
490	541-73-1	1,3-二氯苯	1,3-DICHLOROBENZENE	1095
491	541-85-5	乙基戊基甲酮	ETHYL AMYL KETONE	1391
492	542-56-3	亚硝酸异丁酯	ISOBUTYL NITRITE	1651
493	542-75-6	1,3-二氯丙烯	1,3-DICHLOROPROPENE	0995
494	542-88-1	双氯甲醚	BIS(CHLOROMETHYL)ETHER	0237
495	542-92-7	环戊二烯	CYCLOPENTADIENE	0857
496	552-30-7	偏苯三酸酐	TRIMELLITIC ANHYDRIDE	0345
497	556-52-5	缩水甘油	GLYCIDOL	0159
498	558-13-4	四溴化碳	CARBON TETRABROMIDE	0474
499	563-12-2	乙硫磷	ETHION	0888
500	563-80-4	甲基异丙酮	METHYL ISOPROPYL KETONE	0922
501	583-60-8	邻甲基环己酮	o-METHYLCYCLOHEXANONE	
502	591-78-6	2-己酮	2-HEXANONE; Methyl n-butyl ketone	0489
503	592-41-6	1-己烯	1-HEXENE	0490
504	593-60-2	溴乙烯	VINYL BROMIDE	0597
505	594-42-3	全氯甲硫醇	PERCHLOROMETHYL MERCAPTAN	0311
506	594-72-9	1,1-二氯-1-硝基乙烷	1,1-DICHLORO-1-NITROETHANE	0434
507	598-56-1	N,N-二甲基乙胺	N,N-DIMETHYL ETHYLAMINE	

续表

序号	CAS 号	中文名称	英文名称	国际化学品安全卡编号（ICSC No.）
508	598-78-7	2-氯丙酸	2-CHLOROPROPIONIC ACID	0644
509	600-14-6	2,3-戊二酮	2,3-PENTANEDIONE	
510	600-25-9	1-氯-1-硝基丙烷	1-CHLORO-1-NITROPROPANE	1423
511	603-35-0	三苯膦	TRIPHENYL PHOSPHINE	0700
512	608-73-1	六六六	HEXACHLOROCYCLOHEXANE	0487
513	611-15-4	2-甲基苯乙烯	2-METHYL STYRENE	0733
514	622-97-9	4-甲基苯乙烯	4-METHYL STYRENE	0735
515	624-41-9	2-甲基丁基乙酸酯	2-METHYLBUTYL ACETATE	
516	624-83-9	异氰酸甲酯	METHYL ISOCYANATE	0004
517	624-92-0	二硫化二甲基	DIMETHYL DISULFIDE	1586
518	625-16-1	1,1-二甲基乙酸丙酯	1,1-DIMETHYLPROPYL ACETATE	
519	625-45-6	甲氧基乙酸	METHOXYACETIC ACID	
520	626-17-5	间苯二腈	m-PHTHALODINITRILE	1583
521	626-38-0	1-甲基丁基乙酸酯	1-METHYLBUTYL ACETATE	0219
522	627-13-4	硝酸正丙酯	n-PROPYL NITRATE	1513
523	628-96-6	乙二醇二硝酸酯	ETHYLENE GLYCOL DINITRATE	1056
524	630-08-0	一氧化碳（非高原）	CARBON MONOXIDE(not in high altitude)	0023
525	630-08-0	一氧化碳（高原,海拔 2000～3000m）	CARBON MONOXIDE（in high altitude 2000～3000m）	0023
526	630-08-0	一氧化碳（高原,海拔＞3000m）	CARBON MONOXIDE（in high altitude ＞3000m）	0023
527	637-92-3	乙基叔丁基醚	ETHYL $tert$-BUTYL ETHER	1706
528	638-21-1	苯膦	PHENYLPHOSPHINE	1424
529	646-06-0	1,3-二氧戊环	1,3-DIOXOLANE	
530	650-51-1	三氯乙酸钠	SODIUM TRICHLOROACETATE	1139
531	680-31-9	六甲基磷酰三胺	HEXAMETHYL PHOSPHORAMIDE	0162
532	681-84-5	正硅酸甲酯	METHYL SILICATE	1188
533	684-16-2	六氟丙酮	HEXAFLUOROACETONE	1057
534	754-12-1	2,3,3,3-四氟丙烯	2,3,3,3-TETRAFLUOROPROPENE	1776
535	763-69-9	3-乙氧基丙酸乙酯	ETHYL-3-ETHOXYPROPIONATE	
536	764-41-0	1,4-二氯-2-丁烯	1,4-DICHLORO-2-BUTENE	
537	768-52-5	N-异丙基苯胺	N-ISOPROPYLANILINE	0909
538	811-97-2	1,1,1,2-四氟乙烷	1,1,1,2-TETRAFLUOROETHANE	1281
539	822-06-0	1,6-己二异氰酸酯	HEXAMETHYLENE DIISOCYANATE	0278

序号	CAS 号	中文名称	英文名称	国际化学品安全卡编号（ICSC No.）
540	872-50-4	2-甲基吡咯烷酮	*N*-METHYL-2-PYRROLIDON	0513
541	877-44-1	1,2,4-三乙苯	1,2,4-TRIETHYLBENZENE	
542	919-86-8	S-甲基内吸磷	DEMETON-S-METHYL	0705
543	929-06-6	2-(2-氨基乙氧基)乙醇	2-(2-AMINOETHOXY)ETHANOL	
544	944-22-9	地虫硫磷	FONOFOS	0708
545	994-05-8	叔戊基甲基醚	*tert*-AMYL METHYL ETHER	1496
546	994-31-0	三乙基氯化锡	TRIETHYLTIN CHLORIDE	
547	996-35-0	N,N-二甲基异丙胺	N,N-DIMETHYLISOPROPYLAMINE	
548	999-61-1	丙烯酸(-2-羟丙基)酯	2-HYDROXYPROPYL ACRYLATE	0899
549	1024-57-3	环氧七氯	HEPTACHLOR EPOXIDE	
550	1113-02-6	氧乐果	OMETHOATE	
551	1120-71-4	1,3-丙磺酸内酯	1,3-PROPANE SULTONE	1524
552	1189-85-1	叔丁基铬酸酯(按 Cr 计)	*tert*-BUTYL CHROMATE, as Cr	1533
553	1300-73-8	二甲代苯胺(混合异构体)	XYLIDINE, mixed isomers	0600
554	1303-00-0	砷化镓	GALLIUM ARSENIDE	
555	1303-86-2	氧化硼	BORON OXIDE	0836
556	1304-82-1	碲化铋(纯,按 Bi_2Te_3 计)	BISMUTH TELLURIDE, undoped as Bi_2Te_3	
557	1304-82-1	碲化铋(含硒的,按 Bi_2Te_3 计)	BISMUTH TELLURIDE, Se-doped as Bi_2Te_3	
558	1305-62-0	氢氧化钙	CALCIUM HYDROXIDE	0408
559	1305-78-8	氧化钙	CALCIUM OXIDE	0409
560	1309-37-1	氧化铁	FERRIC OXIDE; Iron oxide	1577
561	1309-48-4	氧化镁烟	MAGNESIUM OXIDE, fume	0504
562	1309-64-4	三氧化锑	ANTIMONY TRIOXIDE	0012
563	1310-58-3	氢氧化钾	POTASSIUM HYDROXIDE	0357
564	1310-73-2	氢氧化钠	SODIUM HYDROXIDE	0360
565	1314-13-2	氧化锌	ZINC OXIDE	0208
566	1314-56-3	五氧化二磷	PHOSPHORUS PENTOXIDE	0545
567	1314-61-0	氧化钽(按 Ta 计)	TANTALUM OXIDE, as Ta	
568	1314-62-1	五氧化二钒烟尘	VANADIUM PENTOXIDE, fume, dust	0596
569	1314-80-3	五硫化二磷	PHOSPHORUS PENTASULFIDE	1407
570	1321-64-8	五氯萘	PENTACHLORONAPHTHALENE	0935
571	1321-65-9	三氯萘	TRICHLORONAPHTHALENE	0962
572	1321-74-0	二乙烯基苯	DIVINYLBENZENE	0885

序号	CAS 号	中文名称	英文名称	国际化学品安全卡编号（ICSC No.）
573	1330-20-7	二甲苯（混合异构体）	XYLENE，mixed isomers	
574	1330-78-5	三甲苯磷酸酯	TRICRESYL PHOSPHATE	
575	1332-58-7	高岭土	KAOLIN	1144
576	1333-74-0	氢	HYDROGEN	0001
577	1333-82-0	三氧化铬	CHROMIUM TRIOXIDE，Cromium(VI)oxide	1194
578	1333-86-4	炭黑	CARBON BLACK	0471
579	1335-87-1	六氯萘	HEXACHLORONAPHTHALENE	0997
580	1335-88-2	四氯萘	TETRACHLORONAPHTHALENE	1387
581	1338-23-4	过氧化甲乙酮（工业级）	METHYL ETHYL KETONE PEROXIDE	1028
582	1477-55-0	间二甲苯-α,α'-二胺	m-XYLENE α,α'-DIAMINE	1462
583	1563-66-2	克百威	CARBOFURAN	0122
584	1569-02-4	丙二醇一乙醚	1-ETHOXY-2-PROPANOL	1573
585	1589-47-5	2-甲氧基-1-丙醇	PROPYLENE GLYCOL 2-METHYL ETHER	
586	1634-04-4	甲基叔丁基醚	METHYL tert-BUTYL ETHER	1164
587	1763-23-1	全氟辛烷磺酸及其盐	PERFLUOROOCTANESULFONIC ACID（PFOS）and its salts	
588	1897-45-6	百菌清	CHLOROTHALONILE	0134
589	1912-24-9	阿特拉津	ATRAZINE	0099
590	1918-02-1	毒莠定	PICLORAM	1246
591	1929-82-4	三氯甲基吡啶	NITRAPYRIN	1658
592	2039-87-4	邻氯苯乙烯	o-CHLOROSTYRENE	1388
593	2104-64-5	苯硫磷	EPN	0753
594	2179-59-1	烯丙基丙基二硫	ALLYL PROPYL DISULFIDE	1422
595	2224-44-4	4-(2-硝基丁基)吗啉（70％）	4-(2-NITROBUTYL)-MORPHOLINE，70％	
596	2234-13-1	八氯代萘	OCTACHLORONAPHTHALENE	1059
597	2238-07-5	二缩水甘油醚	DIGLYCIDYL ETHER(DGE)	0145
598	2372-82-9	N-(3-氨基丙基)-N-十二烷基-1,3-丙二胺	N-3（AMINOPROPYL)-N-DODECYLPROPANE-1,3-DIAMINE	
599	2425-06-1	敌菌丹	CAPTAFOL	0119
600	2426-08-6	正丁基缩水甘油醚	n-BUTYL GLYCIDYL ETHER	0115
601	2451-62-9	1,3,5-缩水甘油基异氰脲酸酯	1,3,5-TRIGLYCIDYL-ISOCYANURATE	1274
602	2528-36-1	磷酸二丁基苯酯	DIBUTYL PHENYL PHOSPHATE	
603	2551-62-4	六氟化硫	SULFUR HEXAFLUORIDE	0571
604	2687-91-4	N-乙基-2-吡咯烷酮	N-ETHYL-2-PYRROLIDONE	

序号	CAS 号	中文名称	英文名称	国际化学品安全卡编号（ICSC No.）
605	2691-41-0	奥克托今	OCTOGEN	1575
606	2698-41-1	邻氯亚苄基丙二腈	o-CHLOROBENZYLIDENE MALONONITRILE	1065
607	2699-79-8	硫酰氟	SULFURYL FLUORIDE	1402
608	2807-30-9	乙二醇一丙醚	ETHYLENE GLYCOL MONO-n-PROPYLETHER	0607
609	2814-77-9	2-萘酚	2-NAPHTOL	
610	2921-88-2	毒死蜱	CHLORPYRIFOS	0851
611	2971-90-6	氯羟吡啶	CLOPIDOL	
612	3033-62-3	双(二甲基氨基乙基)醚	BIS(DIMETHYLAMINOETHYL)ETHER	
613	3333-52-6	四甲基琥珀腈	TETRAMETHYL SUCCINONITRILE	1121
614	3383-96-8	双硫磷	TEMEPHOS	0199
615	3689-24-5	硫特普	SULFOTEP	0985
616	3710-84-7	N,N-二乙基羟胺	N,N-DIETHYLHYDROXYLAMINE	
617	3825-26-1	全氟辛酸铵	AMMONIUM PERFLUOROOCTANOATE	
618	3982-91-0	三氯硫磷	PHOSPHORUS THIOCHLORIDE	0581
619	4016-14-2	异丙基缩水甘油醚	ISOPROPYL GLYCIDYL ETHER	0171
620	4080-31-3	氯化 3-氯烯丙基六亚甲基四胺	METHENAMINE 3-CHLOROALLYLCHLORIDE	
621	4098-71-9	异佛尔酮二异氰酸酯	ISOPHORONE DIISOCYANATE(IPDI)	0499
622	4170-30-3	巴豆醛	CROTONALDEHYDE	0241
623	4685-14-7	百草枯	PARAQUAT	
624	4685-14-7	百草枯(可入肺颗粒物,按阳离子计)	PARAQUAT,respirable,cation	
625	5124-30-1	二环己基甲烷二异氰酸酯	METHYLENE bis（4-CYCLOHEXYLISOCYANATE)	
626	5329-14-6	氨基磺酸	SULFAMIC ACID	0328
627	5392-40-5	柠檬醛	CITRAL	1725
628	5714-22-7	五氟化硫	SULFUR PENTAFLUORIDE	
629	5989-27-5	D-苧烯	D-LIMONENE	0918
630	6153-56-6	二水合草酸	OXALIC ACID,dihydrate	0707
631	6423-43-4	丙二醇二硝酸酯	PROPYLENE GLYCOL DINITRATE	1392
632	6533-00-2	18-甲基炔诺酮(炔诺孕酮)	18-METHYL NORGESTREL	
633	6923-22-4	久效磷	MONOCROTOPHOS	0181
634	7085-85-0	2-氰基丙烯酸乙酯	ETHYL CYANOACRYLATE	1358
635	7429-90-5	铝粉(金属)	ALUMINIUM,metal	0988

序号	CAS 号	中文名称	英文名称	国际化学品安全卡编号（ICSC No.）
636	7439-92-1	铅	LEAD	0052
637	7439-96-5	锰（可入肺，按 MnO_2 计）	MANGANESE respirable，as MnO_2	0174
638	7439-96-5	锰（可吸入，按 MnO_2 计）	MANGANESE，inhalable，as MnO_2	0174
639	7439-97-6	汞金属（蒸气）	MERCURY METAL，vapour	0056
640	7440-01-9	氖	NEON	0627
641	7440-02-0	镍金属	NICKEL，metal	0062
642	7440-06-4	铂金属	PLATINUM，metal	1393
643	7440-22-4	银金属	SILVER METAL	0810
644	7440-25-7	钽	TANTALUM	1596
645	7440-28-0	铊	THALLIUM	0077
646	7440-31-5	锡金属	TIN，metal	1535
647	7440-33-7	钨	TUNGSTEN	1404
648	7440-36-0	锑	ANTIMONY	0775
649	7440-37-1	氩	ARGON	0154
650	7440-38-2	砷	ARSENIC	0013
651	7440-39-3	钡	BARIUM	1052
652	7440-41-7	铍	BERYLLIUM，as Be	0226
653	7440-43-9	镉	CADMIUM，as Cd	0020
654	7440-47-3	铬金属	CHROMIUM，metal	0029
655	7440-50-8	铜烟（按 Cu 计）	COPPER，Fume	0240
656	7440-50-8	铜尘（按 Cu 计）	COPPER，Dusts and mists	0240
657	7440-58-6	铪粉（干的）	HAFNIUM（powder）	0847
658	7440-59-7	氦	HELIUM	0603
659	7440-61-1	铀（天然的）	URANIUM，natural	
660	7440-65-5	钇	YTTRIUM	
661	7440-67-7	锆	ZIRCONIUM	1405
662	7440-74-6	铟	INDIUM，as In	1293
663	7446-09-5	二氧化硫	SULFUR DIOXIDE	0074
664	7487-94-7	氯化汞	MERCURIC CHLORIDE	0979
665	7553-56-2	碘	IODINE	0167
666	7572-29-4	二氯乙炔	DICHLOROACETYLENE	1426
667	7580-67-8	氢化锂	LITHIUM HYDRIDE	0813
668	7616-94-6	过氯酰氟	PERCHLORYL FLUORIDE	1114

序号	CAS 号	中文名称	英文名称	国际化学品安全卡编号（ICSC No.）
669	7631-90-5	亚硫酸氢钠	SODIUM BISULFITE	1134
670	7637-07-2	三氟化硼	BORON TRIFLUORIDE	0231
671	7646-85-7	氯化锌烟	ZINC CHLORIDE, fume	1064
672	7647-01-0	氯化氢,盐酸	HYDROGEN CHLORIDE, CHLORHYDRIC ACID	0163
673	7664-38-2	磷酸	PHOSPHORIC ACID	1008
674	7664-39-3	氟化氢（按 F 计）	HYDROGEN FLUORIDE, as F	0283,1777
675	7664-41-7	氨(无水的)	AMMONIA(ANHYDROUS)	0414
676	7664-93-9	硫酸	SULFURIC ACID	0362
677	7681-57-4	焦亚硫酸钠	SODIUM DISULFITE	1461
678	7697-37-2	硝酸	NITRIC ACID	0183
679	7719-09-7	氯化亚砜	THIONYL CHLORIDE	1409
680	7719-12-2	三氯化磷	PHOSPHORUS TRICHLORIDE	0696
681	7722-84-1	过氧化氢	HYDROGEN PEROXIDE	0164
682	7726-95-6	溴	BROMINE	0107
683	7727-37-9	氮	NITROGEN	1198,1199
684	7727-43-7	硫酸钡（可入肺颗粒物,按 Ba 计）	BARIUM SULFATE, respirable, as Ba	0827
685	7727-43-7	硫酸钡（可吸入颗粒物,按 Ba 计）	BARIUM SULFATE, inhalable, as Ba	0827
686	7727-54-0	过硫酸铵	AMMONIUM PERSULFATE	0632
687	7758-97-6	铬酸铅（按 Pb 计）	LEAD CHROMATE, as Pb	0003
688	7758-97-6	铬酸铅（按 Cr 计）	LEAD CHROMATE, as Cr	0003
689	7761-88-8	银可溶化合物（按 Ag 计）	SILVER soluble compounds, as Ag	1116
690	7773-06-0	氨基磺酸铵	AMMONIUM SULFAMATE	1555
691	7778-18-9	硫酸钙(无水)	CALCIUM SULFATE, anhydrous	1589
692	7782-41-4	氟	FLUORINE	0046
693	7782-42-5	石墨（除纤维之外的所有形态）	GRAPHITE, all forms except fibers	0893
694	7782-49-2	硒金属	SELENIUM, metal	0072
695	7782-50-5	氯	CHLORINE	0126
696	7782-65-2	四氢化锗	GERMANIUM TETRAHYDRIDE	1244
697	7782-79-8	叠氮酸蒸气	HYDRAZOIC ACID, vapour	
698	7783-06-4	硫化氢	HYDROGEN SULFIDE	0165

序号	CAS 号	中文名称	英文名称	国际化学品安全卡编号（ICSC No.）
699	7783-07-5	硒化氢（按 Se 计）	HYDROGEN SELENIDE，as Se	0284
700	7783-41-7	二氟化氧	OXYGEN DIFLUORIDE	0818
701	7783-54-2	三氟化氮	NITROGEN TRIFLUORIDE	1234
702	7783-60-0	四氟化硫	SULFUR TETRAFLUORIDE	1456
703	7783-79-1	六氟化硒	SELENIUM HEXAFLUORIDE	0947
704	7783-80-4	六氟化碲	TELLURIUM HEXAFLUORIDE	
705	7784-42-1	砷化氢（胂）	ARSINE	0222
706	7786-34-7	速灭磷（异构体混合物）	MEVINPHOS isomer mixture	0924
707	7786-81-4	镍可溶性化合物（按 Ni 计）	NICKEL，soluble inorganic compounds，as Ni	0063
708	7789-06-2	铬酸锶	STRONTIUM CHROMATE	0957
709	7789-30-2	五氟化溴	BROMINE PENTAFLUORIDE	0974
710	7790-91-2	三氟化氯	CHLORINE TRIFLUORIDE	0656
711	7803-51-2	磷化氢	PHOSPHINE	0694
712	7803-52-3	锑化氢	ANTIMONY HYDRIDE	0776
713	7803-62-5	四氢化硅	SILANE，Silicon tetrahydride	0564
714	8001-35-2	毒杀芬	CHLORINATED CAMPHENE	0843
715	8002-74-2	石蜡烟	PARAFFIN WAX fume	1457
716	8003-34-7	除虫菊	PYRETHRUM	1475
717	8006-14-2	天然气	NATURAL GAS	
718	8022-00-2	甲基内吸磷	METHYL DEMETON	0862
719	8029-10-5	无烟煤煤尘	Coal dust，Anthracite	
720	8052-41-3	干洗溶剂	STODDARD SOLVENT	0361
721	8052-42-4	石油沥青烟（按苯溶物计）	ASPHALT（PETROLEUM）fumes，as Benzene soluble matter	0612
722	8065-48-3	内吸磷	DEMETON	0861
723	9002-86-2	聚氯乙烯	POLYVINYL CHLORIDE	1487
724	9003-01-4	丙烯酸聚合物（经中和、交联）	ACRYLIC ACID POLYMER（neutralized，cross-linked）	
725	9004-34-6	纤维素	CELLULOSE	
726	9005-25-8	淀粉	STARCH	1553
727	9006-04-6	天然橡胶	NATURAL RUBBER LATEX	
728	10024-97-2	氧化亚氮	NITROUS OXIDE	0067
729	10025-67-9	一氯化硫	SULFUR MONOCHLORIDE	0958
730	10025-78-2	三氯氢硅	TRICHLOROSILANE	0591

序号	CAS 号	中文名称	英文名称	国际化学品安全卡编号（ICSC No.）
731	10025-82-8	铟化合物（按 In 计）	INDIUM compounds，as In	1377
732	10025-87-3	三氯氧磷	PHOSPHORUS OXYCHLORIDE	0190
733	10026-13-8	五氯化磷	PHOSPHORUS PENTACHLORIDE	0544
734	10028-15-6	臭氧（繁重工作）	OZONE，heavy work	0068
735	10028-15-6	臭氧（中等强度工作）	OZONE，moderate work	0068
736	10028-15-6	臭氧（轻松工作）	OZONE，light work	0068
737	10028-15-6	臭氧（任何工作接触均不超过2h）	OZONE，less than 2 hrs all kind work	0068
738	10035-10-6	溴化氢	HYDROGEN BROMIDE	0282
739	10043-35-3	硼酸	BORIC ACID	0991
740	10049-04-4	二氧化氯	CHLORINE DIOXIDE	0127
741	10049-05-5	无机二价铬化合物	CHROMIUM inorganic Cr Ⅱ compounds	1317
742	10102-43-9	一氧化氮	NITRIC OXIDE，NITROGEN MONOXIDE	1311
743	10102-44-0	二氧化氮	NITROGEN DIOXIDE	0930
744	10210-68-1	羰基钴	COBALT CARBONYL	0976
745	10294-33-4	三溴化硼	BORON TRIBROMIDE	0230
746	10294-34-5	三氯化硼	BORON TRICHLORIDE	0616
747	10605-21-7	多菌灵	CARBENDAZIM	1277
748	11097-69-1	氯联苯（54％氯）	CHLORODIPHENYL，54％ chlorine	0939
749	12001-26-2	云母	MICA	
750	12001-28-4	青石棉	ASBESTOS crocidolite	1314
751	12001-29-5	温石棉	ASBESTOS chrysotile	0014
752	12035-72-2	硫化镍（可吸入）	NICKEL SUBSULFIDE，inhalable，as Ni	0928
753	12070-12-1	钨及其不溶性化合物（按 W 计）	TUNGSTEN and insoluble compounds，as W	1320
754	12079-65-1	环戊二烯基三羰基锰	MANGANESE CYCLOPENTADIENYL TRICARBONYL	0977
755	12108-13-3	甲基环戊二烯基三羰基锰	METHYLCYCLOPENTADIENYL MANGANESE TRICARBONYL	1169
756	12125-02-9	氯化铵烟	AMMONIUM CHLORIDE，fume	1051
757	12172-73-5	铁闪石石棉	ASBESTOS gruenerite（amosite）	
758	12604-58-9	钒铁合金粉尘	FERROVANADIUM，alloy dust	
759	13071-79-9	叔丁硫磷	TERBUFOS	1768
760	13121-70-5	三环锡	CYHEXATIN	
761	13171-21-6	磷胺	PHOSPHAMIDON	0189

序号	CAS 号	中文名称	英文名称	国际化学品安全卡编号（ICSC No.）
762	13454-96-1	铂及其可溶盐	PLATINUM，soluble salts	1145
763	13463-39-3	羰基镍（按 Ni 计）	NICKEL CARBONYL，as Ni	0064
764	13463-40-6	五羰基铁（按 Fe 计）	IRON PENTACARBONYL，as Fe	0168
765	13463-67-7	二氧化钛	TITANIUM DIOXIDE	0338
766	13494-80-9	碲	TELLURIUM	0986
767	13530-65-9	不溶六价铬化合物	CHROMIUM，Cr VI compounds，water insoluble	0811
768	13569-65-8	铑可溶化合物	RHODIUM，soluble compounds	0746
769	13765-19-0	铬酸钙	CALCIUM CHROMATE	1771
770	13838-16-9	安氟醚	ENFLURANE	0887
771	13952-84-6	仲丁胺	sec-BUTYLAMINE	0401
772	13983-17-0	硅酸钙（自然界中以硅灰石形式存在）	CALCIUM SILICATE, naturally occurring as Wollastonite	
773	14464-46-1	方石英	SILICA，cristobalite	0809
774	14484-64-1	福美铁	FERBAM	0792
775	14807-96-6	滑石（不含石棉纤维）	TALC，containing no asbestos fibers	0329
776	14807-96-6	滑石（含石棉纤维）	TALC，containing asbestos fibers	0329,0014，1314
777	14857-34-2	二甲基乙氧基硅烷	DIMETHYLETHOXYSILANE	
778	14977-61-8	铬酰氯	CHROMYL CHLORIDE	0854
779	15627-09-5	N-环己羟基-二氮烯-1-氧化物铜盐	N-CYCLOHEXYLHYDROXY-DIAZENE-1-OX-IDE，copper salt	
780	15972-60-8	甲草胺	ALACHLOR	0371
781	16219-75-3	亚乙基降冰片烯	ETHYLIDENE NORBORNENE	0473
782	16752-77-5	灭多威	METHOMYL	0177
783	16842-03-8	氢化羰基钴	COBALT HYDROCARBONYL	
784	17702-41-9	癸硼烷	DECABORANE	0712
785	17804-35-2	苯菌灵	BENOMYL	0382
786	19287-45-7	乙硼烷	DIBORANE	0432
787	19430-93-4	全氟-1-丁基乙烯	PERFLUOROBUTYL ETHYLENE	1697
788	19624-22-7	戊硼烷	PENTABORANE	0819
789	20706-25-6	乙二醇单丙醚乙酸酯	ETHYLENE GLYCOL MONOPROPYL ETHER ACETATE	
790	20816-12-0	四氧化锇	OSMIUM TETROXIDE	0528
791	21087-64-9	嗪草酮	METRIBUZIN	0516

续表

序号	CAS 号	中文名称	英文名称	国际化学品安全卡编号（ICSC No.）
792	21351-79-1	氢氧化铯	CESIUM HYDROXIDE	1592
793	22224-92-6	克线磷	FENAMIPHOS	0483
794	25013-15-4	乙烯基甲苯（混合异构体）	VINYLTOLUENE, Methyl styrene (mixed isomers)	0514
795	25013-16-5	叔丁基-4-羟基茴香醚	*tert*-BUTYL-4-HYDROXYANISOLE(BHA)	
796	25167-67-3	丁烯	BUTYLENE	
797	25265-71-8	二丙二醇	DIPROPYLENE GLYCOL	
798	25321-14-6	二硝基甲苯	DINITROTOLUENE	0465
799	25551-13-7	三甲基苯（混合异构体）	TRIMETHYLBENZENE, mixed isomers	1389
800	25567-67-3	二硝基氯苯	DINITROCHLOROBENZENE	
801	25639-42-3	甲基环己醇	METHYLCYCLOHEXANOL	0292
802	26087-47-8	异稻瘟净	KITAZIN, *o-p*	
803	26401-97-8	双(巯基乙酸)二辛基锡	BIS(MERCAPTOACETATE)DIOCTYLTIN	
804	26530-20-1	2-辛基-4-异噻唑啉-3-酮	2-OCTYL-4-ISOTHIAZOLIN-3-ONE	
805	26628-22-8	叠氮化钠	SODIUM AZIDE	0950
806	26628-22-8	叠氮化钠(以叠氮酸蒸气计)	SODIUM AZIDE as Hydrazoic acid vapour	0950
807	26952-21-6	异辛醇（混合异构体）	ISOOCTYL ALCOHOL, mixed isomers	0497
808	29118-24-9	反式-1,3,3,3-四氟丙烯	trans-1,3,3,3-TETRAFLUOROPROPENE	
809	30560-19-1	乙酰甲胺磷	ACEPHATE	0748
810	31242-93-0	邻氯化二苯氧化物	*o*-CHLORINATED DIPHENYL OXIDE	
811	34590-94-8	二丙二醇甲醚	DIPROPYLENE GLYCOL METHYL ETHER; (2-Methoxymethylethoxy)propanol	0884
812	35400-43-2	甲丙硫磷	SULPROFOS	1248
813	51630-58-1	氰戊菊酯	FENVALERATE	0273
814	52918-63-5	溴氰菊酯	DELTAMETHRIN	0247
815	53469-21-9	氯化二苯	CHLORINATED DIPHENYLS	
816	53469-21-9	氯联苯（42%氯）	CHLORODIPHENYL, 42% chlorine	
817	54839-24-6	2-丙二醇-1-乙醚乙酸酯	1-ETHOXY-2-PROPYL ACETATE	1574
818	55406-53-6	3-碘-2-丙炔基丁基氨基甲酸酯	3-IODO-2-PROPYNYL BUTYLCARBAMATE	
819	55566-30-8	四羟甲基硫酸磷	TETRAKIS(HYDROXYMETHYL) PHOSPHONIUM SULFATE	
820	56960-91-9	甲基乙炔与丙二烯混合物	METHYLACETYLENE-PROPADIENE mixture	
821	57029-46-6	多次甲基多苯基多异氰酸酯	POLYMETHYLENE POLYPHENYL ISOCYANATE(PMPPI)	

续表

序号	CAS 号	中文名称	英文名称	国际化学品安全卡编号（ICSC No.）
822	61788-32-7	加氢三联苯（未经辐射的）	HYDROGENATED TERPHENYLS nonirradiated	1249
823	61789-86-4	石油磺酸钙盐（矿物油中的工业混合物）	PETROLEUM SULFONATES, Ca salts (technical mixture in mineral oil)	
824	64742-47-8	（石油）蒸馏馏出液（加氢处理气溶胶）	DISTILLATES PETROLEUM, hydrotreated, aerosol	1379
825	64742-47-8	（石油）蒸馏馏出液（加氢处理蒸气）	DISTILLATES PETROLEUM, hydrotreated vapour	1379
826	64742-48-9	石脑油（石油），加氢处理重组分	NAPHTA PETROLEUM, hydrotreated heavy	1380
827	65996-93-2	煤焦油沥青挥发物（按苯溶物计）	COAL TAR PITCH, volatiles as Benzene soluble matters	1415
828	65997-15-1	卜特兰水泥	PORTLAND CEMENT	1425
829	68359-37-5	氟氯氰菊酯	CYFLUTHRIN	1764
830	68476-85-7	液化石油气	LPG liquefied petroluem gas (LPG)	
831	68937-41-7	异丙基化磷酸三苯酯	TRIPHENYL PHOSPHATE, isopropylated	
832	70657-70-4	2-甲氧基-1-丙醇乙酸酯	PROPYLENE GLYCOL 2-METHYL ETHER-1-ACETATE	
833	74222-97-2	甲嘧磺隆	SULFOMETURON METHYL	
834	77536-66-4	阳起石石棉	ASBESTOS actinolite	
835	77536-67-5	直闪石石棉	ASBESTOS anthophyllite	
836	77536-68-6	透闪石石棉	ASBESTOS tremolite	
837	86290-81-5	汽油	GASOLINE	1400
838	95465-99-9	硫线磷	CADUSAFOS	
839	95481-62-2	二羧酸二甲基酯	DICARBOXYLIC ACID DIMETHYLESTER	
840	308062-82-0	烟煤或褐煤煤尘	COAL DUST, Bituminous or Lignite	
841		酸雾，强无机酸	ACID MISTS, strong inorganic	0362
842	1344-28-1，1302-42-7，7784-30-7，15096-52-3	铝粉（不溶化合物）	ALUMNIUM, insoluble compounds	0351,0566,1538,1565
843		铝制品	ALUMINIUM PRODUCTION	
844	628-63-7，626-38-0，123-92-2，108-84-9	乙酸戊酯（全部异构体）	AMYL ACETATE (all isomers)	0218,0219,0356,1335

序号	CAS 号	中文名称	英文名称	国际化学品安全卡编号（ICSC No.）
845	1309-64-4，7783-70-2，10025-91-9	锑化合物（按 Sb 计）	ANTIMONY compounds，as Sb	0012，0220，1224
846	7784-34-1，10048-95-0，1303-28-2，1327-53-3，7784-40-9，7784-44-3，7778-43-0，10103-50-1，7778-39-4	砷及其无机化合物（按 As 计）	ARSENIC，inorganic compounds，as As	0221，0326，0377，0378，0911，1207，1208，1209，1625
847	13477-00-4，10361-37-2，1304-28-5，543-80-6，10022-31-8，	钡可溶性化合物（按 Ba 计）	BARIUM soluble compounds，as Ba	0613，0614，0615，0778，1052，1073
848		苯甲酸碱金属盐	BENZOIC ACID alkali salts	
849	13510-49-1，13597-99-4，7787-47-5，7787-49-7	铍可溶化合物（按 Be 计）	BERYLLIUM soluble compounds，as Be	1351，1352，1354，1355
850	1304-56-9，66104-24-3	铍不溶化合物（按 Be 计）	BERYLLIUM insoluble compounds，as Be	1325，1353
851	1303-96-4，16872-11-0，10486-00-7，1330-43-4，16940-66-2	硼无机化合物	BORATE compounds，inorganic	0567，1040，1046，1229，1670
852	106-97-8，75-28-5	丁烷（同分异构体）	BUTANE，isomers	0232，0901
853	106-98-9，590-18-1，624-64-6	丁烯（所有异构体）	BUTENE，all isomers	0396，0397，0398
854	123-86-4，110-19-0，540-88-5，105-46-4	乙酸丁酯（所有异构体）	BUTYL ACETATE，all isomers	0399，0494，1445，0840
855	818-08-6，56-35-9	正丁基锡化合物（以 Sn 计）	n-BUTYLTIN compounds(as Sn)	0256，1282

续表

序号	CAS 号	中文名称	英文名称	国际化学品安全卡编号（ICSC No.）
856	10108-64-2，1306-19-0，1306-23-6，543-90-8，10124-36-4	镉及其化合物（按 Cd 计）	CADMIUM，compounds，as Cd	0116，0117，0404，1075，1318
857	592-34-7，543-27-1	氯甲酸丁酯	CHLOROFORMIC ACID BUTYLESTER	1593，1594
858		铬矿石加工过程,铬酸盐	CHROMITE ORE PROCESSING，Ghromate	
859	12336-95-7，10025-73-7，1308-14-1，7789-02-8，1308-38-9，10060-12-5	三价铬化合物	CHROMIUM，Cr Ⅲ compounds	1309，1316，1455，1530，1531，1532
860	14977-61-8，1333-82-0，10588-01-9，7775-11-3	水溶性六价铬化合物	CHROMIUM，Cr Ⅵ compounds，water soluble	0854，1194，1369，1370
861	7440-48-4，1307-96-6，1308-04-9	钴及其氧化物（按 Co 计）	COBALT and Oxides，as Co	0782，0785，1551
862	7646-79-9，10026-22-9，1308-04-9，10124-43-3，6147-53-1，10026-24-1，10141-05-6	钴及其无机化合物	COBALT，INORGANIC compounds	0783，0784，0785，1127，1128，1396，1397
863		焦炉逸散物（按苯溶物计）	COKE OVEN EMISSIONS，as Benzene soluble matter	
864	7440-50-8，1317-39-1，10103-61-4，7758-98-7，10290-12-7，7758-99-8	铜及其无机盐	COPPER and its inorganic salts	0240，0421，0648，0751，1211，1416
865		棉尘（未经处理的）	COTTON Dusts，raw，untreated	
866	95-48-7，108-39-4，106-44-5，1319-77-3	甲酚（全部异构体）	CRESOL，all isomers	0030，0646
867	592-01-8，151-50-8	氰化物盐	CYANIDE salts	0407，0671

序号	CAS 号	中文名称	英文名称	国际化学品安全卡编号（ICSC No.）
868	156-59-2，156-60-5，540-59-0	1,2-二氯乙烯（所有异构体）	1,2-DICHLOROETHYLENE, all isomers	0436
869	156-59-2，156-60-5	1,2-二氯乙烯（顺式和反式）	1,2-DICHLOROETHYLENE, cis and trans	
870	31565-23-8，68583-56-2，68425-15-0	二(叔十二烷基)五硫化物	DI(*tert*-DODECYL) PENTASULFIDE；Di(*tert*-dodecyl)polysulfide	
871		柴油机排放物	DIESEL ENGINE EMISSIONS	
872	68476-34-6	柴油机燃料 2 号（以总烃计）	DIESEL FUEL, as total hydrocarbons	1561
873	528-29-0，99-65-0，100-25-4，25154-54-5	二硝基苯（所有异构体）	DINITROBENZENE, all isomers	0460,0691,0692,0725
874		粉尘（可吸入）	DUST, inhalable fraction	
875		粉尘（可入肺）	DUST, respirable fraction	
876		面粉粉尘	FLOUR, dust	
877	7783-70-2，7637-07-2，2551-62-4，75-73-0，7783-61-1，75-46-7，75-02-5，353-50-4，7790-91-2，75-38-7，7783-41-7，7783-47-3，7783-79-1，7681-49-4，7789-30-2，7616-94-6，12125-01-8，7783-54-2，7783-81-5，7789-75-5，7784-18-1，7787-49-7，2699-79-8，7783-60-0，15096-52-3	氟化物（不含氟化氢，按 F 计）	FLUORIDES, except HF, as F	0220,0231,0571,0575,0576,0577,0598,0633,0656,0687,0818,0860,0947,0951,0974,1114,1223,1234,1250,1323,1324,1355,1402,1456,1565
878		谷物粉尘	GRAIN, dust	

序号	CAS 号	中文名称	英文名称	国际化学品安全卡编号（ICSC No.）
879		铪化合物	HAFNIUM,compounds	
880	7440-48-4，12070-12-1	硬质金属（含钴和碳化钨）	HARD METALS containing Cobalt and Tungsten carbide	0782,1320
881	142-82-5，591-76-4	庚烷异构体	HEPTANE isomers	0657,0658
882		六六六（α-六六六和β-六六六的工业级混合物）	1,2,3,4,5,6-HEXACHLOROCYCLOHEXANE, technical mixture of α-and β-isomer	
883	85-42-7，13149-00-3，14166-21-3	六氢邻苯二甲酸酐（所有异构体）	HEXAHYDROPHTHALIC ANHYDRIDE, all isomers	1643
884	75-83-2，79-29-8，107-83-5，96-14-0	己烷异构体（正己烷除外）	HEXANE isomers(other than n-Hexane)	1262,1263
885		碘化物	IODIDES	0479
886	13746-66-2，7758-94-3	可溶性铁盐	IRON salts,soluble	1132,1715
887	8008-20-6，64742-81-0	煤油（喷气燃料，以总烃蒸气计）	KEROSENE, JET FUELS as total hydrocarbon vapour	0663
888	1317-36-8，7784-40-9，598-63-0，10099-74-8，1309-60-0，1314-41-6，10031-13-7	铅无机化合物（按 Pb 计）	LEAD compounds,inorganic,as Pb	0288,0911,0999,1000,1001,1002,1212
889	78-00-2，75-74-1，61790-14-5，301-04-2，19010-66-3	铅有机化合物	LEAD compounds,organic	0008,0200,0304,0910,1545
890	1313-13-9，1317-35-7	锰无机化合物（可入肺，按 MnO_2 计）	MANGANESE, inorganic compounds, respirable, as MnO_2	0175,1398
891	1313-13-9，1317-35-7	锰无机化合物（可吸入，按 MnO_2 计）	MANGANESE,inorganic compounds,inhalable,as MnO_2	0175,1398
892	1600-27-7，7487-94-7，10045-94-0，21908-53-2，7783-35-9	汞及二价无机汞离子	MERCURY and MERCURY 2+inorganic ion	0056,0978,0979,0980,0981,0982

序号	CAS 号	中文名称	英文名称	国际化学品安全卡编号（ICSC No.）
893	7439-97-6，7487-94-7，10045-94-0，21908-53-2，7783-35-9	汞元素及其无机化合物	MERCURY，elemental and inorganic compounds	0056,0979,0980,0981,0982
894		有机汞化合物（按 Hg 计）	MERCURY organic compounds，as Hg	
895		芳烃基汞化合物（按 Hg 计）	MERCURY ARYL compounds，as Hg	0541
896	90-12-0，91-57-6	1-甲基萘与 2-甲基萘混合物	1-METHYLNAPHTHALENE and 2-METHYL-NAPHTHALENE	1275,1276
897		矿物油（高度精炼）	MIMERAL OIL，pure highly refined	
898		矿物油（低度或中度炼制）	MINERAL OIL，poorly and mildly refined	
899	7439-98-7，7789-82-4	钼金属及其不溶化合物（可吸入，按 Mo 计）	MOLYBDENUM metal and insoluble compounds，inhalable，as Mo	0992,1003
900	7439-98-7，7789-82-4	钼金属及其不溶性化合物（可入肺，按 Mo 计）	MOLYBDENUM，metal and insoluble compounds，respirable，as Mo	0992,1003
901		钼可溶化合物（按 Mo 计）	MOLYBDENUM，soluble compounds，as Mo	
902	1313-99-1，3333-67-3	镍不溶性无机化合物（按 Ni 计）	NICKEL，insoluble inorganic compounds，as Ni	0926,0927
903	88-72-2，99-99-0，99-08-1	硝基甲苯（全部异构体）	NITROTOLUENES，isomers	0931,0932,1411
904		未另说明的可吸入颗粒物（不溶或难溶）	PARTICLES NOS，insoluble or poorly soluble；Inhalable	
905		未另说明的可入肺颗粒物（不溶或难溶）	PARTICLES NOS，insoluble or poorly soluble；Respirable	
906	87-86-5，131-52-2	五氯酚及其钠盐	PENTACHLOROPHENOL and its sodium salts	0069,0532
907	78-78-4，109-66-0，463-82-1	戊烷（全部异构体）	PENTANE，all isomers	0534,1153,1773
908	71-41-0，584-02-1，108-11-2，6032-29-7	戊醇（异构体）	PENTANOL，isomers	0535,0536,0665,1428
909	7727-54-0，7727-21-1，7775-27-1	过硫酸盐类	PERSULFATES，as Persulfate	0632,1133,1136
910	12185-10-3	黄磷	PHOSPHORUS，yellow	0628
911		抽余油（60～220℃）	RAFFINATE（60～220℃）	
912	7440-16-6	铑及其不溶化合物	RHODIUM，metal and insoluble compounds	1247

序号	CAS 号	中文名称	英文名称	国际化学品安全卡编号（ICSC No.）
913		松香心焊锡（热分解）	ROSIN CORE SOLDER，thermal decomposition	0358
914		橡胶制造工业	Rubber manufacturing industry	
915	10102-18-8，7783-00-8，7446-08-4，7791-23-3，13768-86-0	硒化合物（按 Se 计，不包括六氟化硒、硒化氢）	SELENIUM compounds，as Se（except Hexafluoride，Hydrogen Selenide）	0698，0945，0946，0948，0949
916	1317-95-9，14808-60-7	石英（可入肺颗粒物）	SILICA，crystalline（α-quartz）；respirable	0808
917	3811-73-2；15922-78-8	吡啶硫酮钠	SODIUM PYRITHIONE	
918	12179-04-3；10043-35-3	五水合四硼酸钠	SODIUM TETRABORATE PENTAHYDRATE	
919		溶剂汽油	SOLVENT GASOLINES	
920	57-11-4，557-05-1，557-04-0，822-16-2	硬脂酸及其盐（可吸入颗粒物）	STEARATES，inhalable	0568，0987，1403
921	57-11-4，557-05-1，557-04-0，822-16-2	硬脂酸及其盐（可入肺颗粒物）	STEARATES，respirable	0568，0987，1403
922	1395-21-7，9014-01-1	枯草杆菌蛋白酶（以 100％ 结晶活性酶计）	SUBTILISINS as 100％ crystalline active pure enzyme	
923	7664-93-9，8014-95-7	硫酸酸雾	SULFURIC ACID，mists	0362
924	7446-11-9，8014-95-7	三氧化硫	SULFUR TRIOXIDE	1202，1447
925		合成玻璃纤维（玻璃棉纤维）	SYNTHETIC VITREOUS FIBERS，glass wool fibers	
926		合成玻璃纤维（岩棉纤维）	SYNTHETIC VITREOUS FIBERS，rock wool fibers	
927		合成玻璃纤维（渣棉纤维）	SYNTHETIC VITREOUS FIBERS，slag wool fibers	
928		合成玻璃纤维（专用玻璃纤维）	SYNTHETIC VITREOUS FIBERS，special purpose glass fiber	
929		合成玻璃纤维（耐火陶瓷纤维）	SYNTHETIC VITREOUS FIBERS，refractory ceramic fibers	
930		合成玻璃纤维（连续长丝玻璃纤维）	SYNTHETIC VITREOUS FIBERS，continuous filament glass fiber	

续表

序号	CAS 号	中文名称	英文名称	国际化学品安全卡编号（ICSC No.）
931		合成玻璃纤维（连续长丝玻璃纤维，可吸入颗粒物）	SYNTHETIC VITREOUS FIBERS, continuous filament glass fiber, inhalable	
932		碲化合物（不包括氢化碲）	TELLURIUM compounds excluding Hydrogen Tellurium	
933	26140-60-3，84-15-1	三联苯（邻、间、对三联苯异构体）	TERPHENYLS(o-,m- and p-isomers)	1525
934	7446-18-6，6533-73-9	铊可溶性化合物（按 Tl 计）	THALLIUM soluble compounds, as Tl	0336,1221
935	10025-69-1，7783-47-3，7646-78-8，18282-10-5，7772-99-8，21651-19-4	锡无机化合物（按 Sn 计）	TIN, inorganic compounds, as Sn	0738,0860,0953,0955,0954,0956
936	77-58-7，56-35-9，76-87-9	锡有机化合物（按 Sn 计）	TIN, organic compounds, as Sn	1171,1282,1283
937	18282-10-5，1332-29-2	（二）氧化锡（按 Sn 计）	TIN (DI)OXIDE, as Sn	0954
938	584-84-9，91-08-7	二异氰酸甲苯酯（TDI）	2,4-TOLUENE DIISOCYANATE(TDI)	0339,1301
939		三氟甲基次氟酸酯	TRIFLUOROMETHYL HYPOFLUORITE	
940	8006-64-2，80-56-8，127-91-3，13466-78-9	松节油及特定单萜烯类	TURPENTINE and selected monoterpenes	1063
941	7783-81-5，1344-57-6	六氟化铀，二氧化铀	URANIUM, soluble and insoluble compounds	1250,1251
942	7440-62-2，1314-34-7，11115-67-6	钒及其化合物（不含五氧化二钒，按 V 计）	VANADIUM, and Vanadium compounds except Pentoxide, as V	0455,1522
943		木屑（红雪松除外）	WOOD DUST, except red cedar	
944		木屑（橡树和山毛榉）	WOOD DUST, oak and beech	
945		木屑（桦树、红木、柚木、胡桃木）	WOOD DUST, birch, mahogany, teak, walnut	
946		木屑（所有其他）	WOOD DUST, all other	
947	95-47-6，108-38-3，106-42-3	二甲苯（所有异构体）	XYLENE, all isomers	0084,0085,0086
948		钇化合物（按 Y 计）	YTTRIUM compounds, as Y	

序号	CAS 号	中文名称	英文名称	国际化学品安全卡编号（ICSC No.）
949	7446-20-0， 1314-84-7， 13530-65-9， 7646-85-7， 7440-66-6， 7779-88-6， 1314-98-3， 7733-02-0， 11103-86-9	锌及其无机化合物（可入肺颗粒物）	ZINC and its inorganic compounds，respirable	0349，0602， 0811，1064， 1205，1206， 1627，1698， 1775
950	1314-13-2， 1314-84-7， 13530-65-9， 7733-02-0， 11103-86-9	锌及其无机化合物（可吸入颗粒物）	ZINC and its inorganic compounds，inhalable	0208，0602， 0811，1698， 1775
951	13530-65-9， 11103-86-9	铬酸锌	ZINC CHROMATES	0811，1775
952		锆化合物（按 Zr 计）	ZIRCONIUM compounds，as Zr	

附录一
mg/m³ 和 ppm 之间的换算

空气中化学物质浓度通常以 $\times 10^{-6}$（百万分之……）进行计量。

室温（25℃）、1.013bar（1bar＝0.1MPa）压力时，这两种单位之间的换算关系为：

$$1\text{ppm}=\frac{M}{24}\text{mg/m}^3 \tag{1}$$

或
$$1\text{mg/m}^3=\frac{24}{M}\text{ppm} \tag{2}$$

式中，M 为化学物质的分子量。

附录二
可吸入颗粒物和可入肺颗粒物的区别

图 1 可很好诠释可吸入颗粒物、可入胸腔颗粒物和可入肺颗粒物的区别，包括直径、沉降位置和导致疾病的不同。

沉积在鼻口咽喉的颗粒物，一部分可被吞咽。一般，几小时内便可从呼吸道清理出去。

而沉积在气管支气管上的颗粒物，直径大于 $7\mu m$ 的部分，在一天内可被黏膜纤毛完全清理干净（对于健康人来说）。对于更小的颗粒和超细颗粒物（直径小于 $100nm$）[12]，可能保留时间长达数星期。

进入肺泡的颗粒物，可在肺泡沉积数月甚至数年。

颗粒物直径越小，吸入量越多，清除越慢。

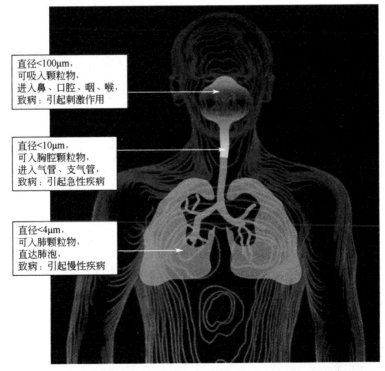

图 1　可吸入颗粒物、可入胸腔颗粒物和可入肺颗粒物的区别

参 考 文 献

[1] 中华人民共和国卫生部. 工作场所有害因素职业接触限值 第 1 部分：化学有害因素：GBZ 2.1—2007 [S]. 北京：人民卫生出版社，2008.

[2] ACGIH. TLVs and BEIs Based 2017 on the Documentation of the Threshold Limit Values for Chemical Susbtances and Physical Agents & Biological exposure Indices. USA：ACGIH. 2017.

[3] EU. Official Journal of the EU，L27，volume 60，2017：115. http：//eur-lex. europa. eu/legal-content/EN/TXT/PDF/? uri=OJ：L：2017：027：FULL&from=EN.

[4] EU. The protection of the health and safety of workers from the risks related to chemical agents at work [fourteenth individual Directive within the meaning of Article 16 （1） of Directive 89/391/EEC]. Council Directive 98/24/EC of 7 April 1998. http：//eur-lex. europa. eu/legal-content/EN/TXT/? qid=1513581284966&uri=CELEX：31998L0024.

[5] DFG. List of MAK and BAT Values 2017. Germany：Wiley-VCH，2017. http：//onlinelibrary. wiley. com/doi/10. 1002/9783527812127. oth/summary.

[6] DFG. MAK Collection for Occupational Health and Safety. Germany：Wiley-VCH online library. 2017. http：//onlinelibrary. wiley. com/book/10. 1002/3527600418/toc.

[7] IARC. IARC Monographs on the Evaluation of Carcinogenic Risks to Humans：Agents Classfication by the IARC Monographs，Volumes 1-120. Lyon：WHO，2018. http：//monographs. iarc. fr/ENG/Classification/.

[8] IPCS. Internetional Chemical Safety Cards. Geneva：WHO，2018. http：//www. ilo. org/safework/info/publications/WCMS _ 113134/lang--en/index. htm.

[9] EPA. Acute Exposure Guideline Levels. Environmental Protection Agency，USA. 2017. https：//www. epa. gov/aegl.

[10] 葛志荣. 欧盟 REACH 法规法律文本 [M]. 北京：中国标准出版，2007.

[11] UN. Globally Harmonized System of Classification and Labelling of Chemicals （GHS Rev. 7）. New York and Geneva：2017. http：//www. unece. org/trans/danger/publi/ghs/ghs _ rev07/07files _ e0. html.

[12] DFG. Toxikologisch-arbeitsmedizinische Begründungen von of MAK-Werten：Section Vh and "Aerosole". Germany：Wiley-Vch：25th issue，Volume 12，1997.